U0343192

清华大学优秀博士学位论文丛书

真空中金属丝电爆炸沿面击穿及其抑制技术研究

石桓通 著 Shi Huantong

Study of the Characteristics and Suppression Techniques
of Surface Breakdown during Electrical Wire Explosion in Vacuum

清华大学出版社

北 京

内 容 简 介

金属丝电爆炸一般指金属丝在脉冲大电流加热下发生的剧烈温升、相变过程,是脉冲功率技术与放电等离子体领域的重要研究对象,其典型应用包括金属材料温密状态下状态方程和输运参数研究、介质中丝爆产生冲击波以及电爆炸法制备纳米颗粒等。本书研究背景为利用丝爆等离子体的Z箍缩获得高功率软X射线源,围绕电爆炸过程中金属丝能量沉积这一关键问题,系统研究了负载参数、表面状态、驱动电流极性、电极结构等因素的影响。此外,本书详细介绍了小型脉冲功率实验系统的搭建过程,包括机械设计、光学、电学测量系统的建立和数据分析。可为从事脉冲放电等离子体研究特别是金属丝电爆炸相关应用研究的科技人员提供参考。

图书在版编目(CIP)数据

真空中金属丝电爆炸沿面击穿及其抑制技术研究/石桓通著.—北京:清华大学出版社,2020.4
(清华大学优秀博士学位论文丛书)
ISBN 978-7-302-54572-9

Ⅰ.①真… Ⅱ.①石… Ⅲ.①绝缘击穿－研究 Ⅳ.①TM62

中国版本图书馆 CIP 数据核字(2019)第 290339 号

责任编辑:王　倩
封面设计:傅瑞学
责任校对:王淑云
责任印制:沈　露

出版发行:清华大学出版社
　　　　　网　　　址:http://www.tup.com.cn,http://www.wqbook.com
　　　　　地　　　址:北京清华大学学研大厦A座　邮　　　编:100084
　　　　　社 总 机:010-62770175　　　　邮　　　购:010-62786544
　　　　　投稿与读者服务:010-62776969,c-service@tup.tsinghua.edu.cn
　　　　　质量反馈:010-62772015,zhiliang@tup.tsinghua.edu.cn
印 刷 者:三河市铭诚印务有限公司
装 订 者:三河市启晨纸制品加工有限公司
经　　销:全国新华书店
开　　本:155mm×235mm　　印　张:8.25　　字　　数:133千字
版　　次:2020年4月第1版　　　　　　印　　次:2020年4月第1次印刷
定　　价:69.00元

产品编号:084191-01

一流博士生教育
体现一流大学人才培养的高度（代丛书序）^①

人才培养是大学的根本任务。只有培养出一流人才的高校，才能够成为世界一流大学。本科教育是培养一流人才最重要的基础，是一流大学的底色，体现了学校的传统和特色。博士生教育是学历教育的最高层次，体现出一所大学人才培养的高度，代表着一个国家的人才培养水平。清华大学正在全面推进综合改革，深化教育教学改革，探索建立完善的博士生选拔培养机制，不断提升博士生培养质量。

学术精神的培养是博士生教育的根本

学术精神是大学精神的重要组成部分，是学者与学术群体在学术活动中坚守的价值准则。大学对学术精神的追求，反映了一所大学对学术的重视、对真理的热爱和对功利性目标的摒弃。博士生教育要培养有志于追求学术的人，其根本在于学术精神的培养。

无论古今中外，博士这一称号都是和学问、学术紧密联系在一起，和知识探索密切相关。我国的博士一词起源于2000多年前的战国时期，是一种学官名。博士任职者负责保管文献档案、编撰著述，须知识渊博并负有传授学问的职责。东汉学者应劭在《汉官仪》中写道："博者，通博古今；士者，辩于然否。"后来，人们逐渐把精通某种职业的专门人才称为博士。博士作为一种学位，最早产生于12世纪，最初它是加入教师行会的一种资格证书。19世纪初，德国柏林大学成立，其哲学院取代了以往神学院在大学中的地位，在大学发展的历史上首次产生了由哲学院授予的哲学博士学位，并赋予了哲学博士深层次的教育内涵，即推崇学术自由、创造新知识。哲学博士的设立标志着现代博士生教育的开端，博士则被定义为独立从事学术研究、具备创造新知识能力的人，是学术精神的传承者和光大者。

---

① 本文首发于《光明日报》，2017年12月5日。

　　博士生学习期间是培养学术精神最重要的阶段。博士生需要接受严谨的学术训练,开展深入的学术研究,并通过发表学术论文、参与学术活动及博士论文答辩等环节,证明自身的学术能力。更重要的是,博士生要培养学术志趣,把对学术的热爱融入生命之中,把捍卫真理作为毕生的追求。博士生更要学会如何面对干扰和诱惑,远离功利,保持安静、从容的心态。学术精神特别是其中所蕴含的科学理性精神、学术奉献精神不仅对博士生未来的学术事业至关重要,对博士生一生的发展都大有裨益。

独创性和批判性思维是博士生最重要的素质

　　博士生需要具备很多素质,包括逻辑推理、言语表达、沟通协作等,但是最重要的素质是独创性和批判性思维。

　　学术重视传承,但更看重突破和创新。博士生作为学术事业的后备力量,要立志于追求独创性。独创意味着独立和创造,没有独立精神,往往很难产生创造性的成果。1929 年 6 月 3 日,在清华大学国学院导师王国维逝世二周年之际,国学院师生为纪念这位杰出的学者,募款修造"海宁王静安先生纪念碑",同为国学院导师的陈寅恪先生撰写了碑铭,其中写道:"先生之著述,或有时而不章;先生之学说,或有时而可商;惟此独立之精神,自由之思想,历千万祀,与天壤而同久,共三光而永光。"这是对于一位学者的极高评价。中国著名的史学家、文学家司马迁所讲的"究天人之际,通古今之变,成一家之言"也是强调要在古今贯通中形成自己独立的见解,并努力达到新的高度。博士生应该以"独立之精神、自由之思想"来要求自己,不断创造新的学术成果。

　　诺贝尔物理学奖获得者杨振宁先生曾在 20 世纪 80 年代初对到访纽约州立大学石溪分校的 90 多名中国学生、学者提出:"独创性是科学工作者最重要的素质。"杨先生主张做研究的人一定要有独创的精神、独到的见解和独立研究的能力。在科技如此发达的今天,学术上的独创性变得越来越难,也愈加珍贵和重要。博士生要树立敢为天下先的志向,在独创性上下功夫,勇于挑战最前沿的科学问题。

　　批判性思维是一种遵循逻辑规则、不断质疑和反省的思维方式,具有批判性思维的人勇于挑战自己、敢于挑战权威。批判性思维的缺乏往往被认为是中国学生特有的弱项,也是我们在博士生培养方面存在的一个普遍问题。2001 年,美国卡内基基金会开展了一项"卡内基博士生教育创新计划",针对博士生教育进行调研,并发布了研究报告。该报告指出:在美国和欧洲，培养学生保持批判而质疑的眼光看待自己、同行和导师的观点同样非常不容易，批判性思维的培养必须要成为博士生培养项目的组成部分。

对于博士生而言，批判性思维的养成要从如何面对权威开始。为了鼓励学生质疑学术权威、挑战现有学术范式，培养学生的挑战精神和创新能力，清华大学在 2013 年发起"巅峰对话"，由学生自主邀请各学科领域具有国际影响力的学术大师与清华学生同台对话。该活动迄今已经举办了 21期，先后邀请 17 位诺贝尔奖、3 位图灵奖、1 位菲尔兹奖获得者参与对话。诺贝尔化学奖得主巴里·夏普莱斯（Barry Sharpless）在 2013 年 11 月来清华参加"巅峰对话"时，对于清华学生的质疑精神印象深刻。他在接受媒体采访时谈道："清华的学生无所畏惧，请原谅我的措辞，但他们真的很有胆量。"这是我听到的对清华学生的最高评价，博士生就应该具备这样的勇气和能力。培养批判性思维更难的一层是要有勇气不断否定自己，有一种不断超越自己的精神。爱因斯坦说："在真理的认识方面，任何以权威自居的人，必将在上帝的嬉笑中垮台。"这句名言应该成为每一位从事学术研究的博士生的箴言。

提高博士生培养质量有赖于构建全方位的博士生教育体系

一流的博士生教育要有一流的教育理念，需要构建全方位的教育体系，把教育理念落实到博士生培养的各个环节中。

在博士生选拔方面，不能简单按考分录取，而是要侧重评价学术志趣和创新潜力。知识结构固然重要，但学术志趣和创新潜力更关键，考分不能完全反映学生的学术潜质。清华大学在经过多年试点探索的基础上，于 2016年开始全面实行博士生招生"申请-审核"制，从原来的按照考试分数招收博士生转变为按科研创新能力、专业学术潜质招收，并给予院系、学科、导师更大的自主权。《清华大学"申请-审核"制实施办法》明晰了导师和院系在考核、遴选和推荐上的权力和职责，同时确定了规范的流程及监管要求。

在博士生指导教师资格确认方面，不能论资排辈，要更看重教师的学术活力及研究工作的前沿性。博士生教育质量的提升关键在于教师，要让更多、更优秀的教师参与到博士生教育中来。清华大学从 2009 年开始探索将博士生导师评定权下放到各学位评定分委员会，允许评聘一部分优秀副教授担任博士生导师。近年来学校在推进教师人事制度改革过程中，明确教研系列助理教授可以独立指导博士生，让富有创造活力的青年教师指导优秀的青年学生，师生相互促进、共同成长。

在促进博士生交流方面,要努力突破学科领域的界限,注重搭建跨学科的平台。跨学科交流是激发博士生学术创造力的重要途径,博士生要努力提升在交叉学科领域开展科研工作的能力。清华大学于 2014 年创办了"微沙龙"平台,同学们可以通过微信平台随时发布学术话题、寻觅学术伙伴。3年来,博士生参与和发起"微沙龙"12 000 多场,参与博士生达 38 000 多人次。"微沙龙"促进了不同学科学生之间的思想碰撞,激发了同学们的学术志趣。清华于 2002 年创办了博士生论坛,论坛由同学自己组织,师生共同参与。博士生论坛持续举办了 500 期,开展了 18 000 多场学术报告,切实起到了师生互动、教学相长、学科交融、促进交流的作用。学校积极资助博士生到世界一流大学开展交流与合作研究,超过 60% 的博士生有海外访学经历。清华于 2011 年设立了发展中国家博士生项目,鼓励学生到发展中国家亲身体验和调研,在全球化背景下研究发展中国家的各类问题。

在博士学位评定方面,权力要进一步下放,学术判断应该由各领域的学者来负责。院系二级学术单位应该在评定博士论文水平上拥有更多的权力,也应担负更多的责任。清华大学从 2015 年开始把学位论文的评审职责授权给各学位评定分委员会,学位论文质量和学位评审过程主要由各学位分委员会进行把关,校学位委员会负责学位管理整体工作,负责制度建设和争议事项处理。

全面提高人才培养能力是建设世界一流大学的核心。博士生培养质量的提升是大学办学质量提升的重要标志。我们要高度重视、充分发挥博士生教育的战略性、引领性作用,面向世界、勇于进取、树立自信、保持特色,不断推动一流大学的人才培养迈向新的高度。

邱勇

清华大学校长

2017 年 12 月 5 日

丛书序二

以学术型人才培养为主的博士生教育,肩负着培养具有国际竞争力的高层次学术创新人才的重任,是国家发展战略的重要组成部分,是清华大学人才培养的重中之重。

作为首批设立研究生院的高校,清华大学自20世纪80年代初开始,立足国家和社会需要,结合校内实际情况,不断推动博士生教育改革。为了提供适宜博士生成长的学术环境,我校一方面不断地营造浓厚的学术氛围,一方面大力推动培养模式创新探索。我校已多年运行一系列博士生培养专项基金和特色项目,激励博士生潜心学术、锐意创新,提升博士生的国际视野,倡导跨学科研究与交流,不断提升博士生培养质量。

博士生是最具创造力的学术研究新生力量,思维活跃,求真求实。他们在导师的指导下进入本领域研究前沿,吸取本领域最新的研究成果,拓宽人类的认知边界,不断取得创新性成果。这套优秀博士学位论文丛书,不仅是我校博士生研究工作前沿成果的体现,也是我校博士生学术精神传承和光大的体现。

这套丛书的每一篇论文均来自学校新近每年评选的校级优秀博士学位论文。为了鼓励创新,激励优秀的博士生脱颖而出,同时激励导师悉心指导,我校评选校级优秀博士学位论文已有20多年。评选出的优秀博士学位论文代表了我校各学科最优秀的博士学位论文的水平。为了传播优秀的博士学位论文成果,更好地推动学术交流与学科建设,促进博士生未来发展和成长,清华大学研究生院与清华大学出版社合作出版这些优秀的博士学位论文。

感谢清华大学出版社,悉心地为每位作者提供专业、细致的写作和出版指导,使这些博士论文以专著方式呈现在读者面前,促进了这些最新的优秀研究成果的快速广泛传播。相信本套丛书的出版可以为国内外各相关领域或交叉领域的在读研究生和科研人员提供有益的参考,为相关学科领域的发展和优秀科研成果的转化起到积极的推动作用。

感谢丛书作者的导师们。这些优秀的博士学位论文,从选题、研究到成文,离不开导师的精心指导。我校优秀的师生导学传统,成就了一项项优秀的研究成果,成就了一大批青年学者,也成就了清华的学术研究。感谢导师们为每篇论文精心撰写序言,帮助读者更好地理解论文。

感谢丛书的作者们。他们优秀的学术成果,连同鲜活的思想、创新的精神、严谨的学风,都为致力于学术研究的后来者树立了榜样。他们本着精益求精的精神,对论文进行了细致的修改完善,使之在具备科学性、前沿性的同时,更具系统性和可读性。

这套丛书涵盖清华众多学科,从论文的选题能够感受到作者们积极参与国家重大战略、社会发展问题、新兴产业创新等的研究热情,能够感受到作者们的国际视野和人文情怀。相信这些年轻作者们勇于承担学术创新重任的社会责任感能够感染和带动越来越多的博士生,将论文书写在祖国的大地上。

祝愿丛书的作者们、读者们和所有从事学术研究的同行们在未来的道路上坚持梦想,百折不挠!在服务国家、奉献社会和造福人类的事业中不断创新,做新时代的引领者。

相信每一位读者在阅读这一本本学术著作的时候,在吸取学术创新成果、享受学术之美的同时,能够将其中所蕴含的科学理性精神和学术奉献精神传播和发扬出去。

清华大学研究生院院长

2018 年 1 月 5 日

导师序言

    Z箍缩是指载流等离子体在自磁压作用下向轴线(Z轴)收缩的物理过程,利用脉冲大电流驱动不同Z箍缩负载可获得高温、高密、高压、高速和强辐射等极端物理环境。金属丝阵是常用的Z箍缩负载,具有极高的电能到X射线能量转换效率,是目前最强的实验室软X射线源,在核爆辐射效应模拟中有着不可替代的作用;另外基于其产生高温X射线辐射场的能力和高效的电能到内爆动能的转换能力,丝阵Z箍缩也被认为是驱动惯性约束受控核聚变的可能途径。

    以提高X射线辐射能量和功率为目标的高效负载设计是Z箍缩领域的重要研究课题。对丝阵负载而言,内爆阶段指向轴线的加速度将导致严重的磁瑞利泰勒(MRT)不稳定性,极大降低负载在内爆阶段获得的总动能,减少参与内爆的有效质量,缩短箍缩等离子体的寿命,最终降低X射线辐射能量和功率。因此抑制内爆MRT不稳定性是提高Z箍缩X射线辐射能力的关键。

    改善负载均匀性是减小MRT不稳定性的重要思路,而丝阵Z箍缩初始阶段的金属丝电爆炸过程对负载均匀性有重要影响。丝阵中的各金属单丝在脉冲电流作用下并不能完全汽化并形成均匀等离子体柱,而是形成外层等离子体"包裹"内层高密度丝核的"核冕结构"。高电导率的冕等离子体在全局磁场作用下优先向轴心运动形成消融质量流,并成为加剧内爆MRT不稳定性发展的扰动种子。因此抑制核冕结构的形成是改善负载均匀性的可行途径。

    基于上述思路,本书围绕单丝电爆炸过程中导致核冕结构形成的关键物理过程——沿面击穿——开展工作。主要通过实验的方式研究金属丝尺寸、表面状态、驱动电流极性、上升率等因素对金属丝电爆炸沿面击穿的影响规律,并探索抑制或推迟沿面击穿的有效方式,以期向金属丝中注入更多能量,提高爆炸产物的均匀性。值得一提的是,本书基于对沿面击穿机理的研究提出了一种阴极串联闪络开关构造正向径向电场法,可有效提高爆炸丝沉积能量；并利用这种方法在真空中获得了钨丝（常用的熔点最高的丝阵材料）裸丝均匀汽化的结果。

对单丝电爆炸物理过程的认识和单丝均匀汽化技术的突破为继续研究丝阵整体均匀汽化提供了有利条件；同时也为抑制丝阵 Z 箍缩 MRT 不稳定性提供了新的思路，如通过特殊的丝阵构型设计和适当参数的预脉冲使丝阵形成某种特殊的（径向）质量分布，从而利用雪耙致稳效应等实现对 MRT 不稳定性的直接抑制。但毋庸置疑，单丝相关结果应用到丝阵中时必然存在新的问题，如单丝不一致性和相互屏蔽对丝阵整体电爆炸行为的影响等，因此丝阵整体特别是高熔点丝阵的均匀汽化将是下一个需要攻克的技术难题。

目前我国正处于 Z 箍缩发展的黄金时期，不仅凝聚了以中国工程物理研究院、西北核技术研究所、清华大学、西安交通大学等科研院所和高校为代表的一批研究团队，同时大型驱动源建设也得到了政府有关部门的大力支持。2017 年 12 月，自然科学基金重大项目"直接驱动型超高功率电脉冲产生与调制的基础研究"立项通过；12 月 4 日 Z 箍缩军民融合研究中心成立；12 月 6—7 日在北京召开了以"快 Z 箍缩科学前沿问题及关键技术"为主题的香山会议，并向国务院提交关于加快建设 Z 箍缩重大科技基础设施、促进前沿科技创新的院士建议；2018 年 1 月 Z 箍缩基础研究设施被列为教育部"十四五"首批重大科技基础设施。

驱动源和负载是 Z 箍缩发展的两条主线，大型驱动源的建设也将带动对负载物理过程及高效负载设计方法的进一步研究和探索。

邹晓兵

2019 年 2 月

摘 要

丝阵 Z 箍缩以其超强的 X 射线辐射能力和极高的能量转化效率被视为实现惯性约束受控核聚变的可能途径。金属丝电爆炸(EEW,简称为丝爆)为丝阵 Z 箍缩的初始阶段,该阶段各单丝的电能注入决定了爆炸产物的密度分布,对后续内爆动力学过程具有决定性影响。电能注入主要受金属丝表面沿面击穿限制,能量不足以汽化金属丝时爆炸产物具有"核-冕结构",由此产生的质量消融过程将在丝阵内部形成不均匀质量分布,加剧主体内爆过程中磁瑞利泰勒不稳定性的发展,大大降低内爆动能及滞止持续时间,最终降低 X 射线辐射功率和能量。

初步实验和数值计算结果表明:若在大电流主脉冲达到负载之前,使用具有特殊波形的"预脉冲"实现丝阵的完全汽化,消除核冕结构,并利用预脉冲与主脉冲之间的时间间隔使快速膨胀的各汽化单丝充分融合,则有望抑制后续内爆过程的不稳定性发展,极大地提高 X 射线的辐射功率和产额。因此本书开展"预脉冲"作用下的 EEW 研究,探索抑制爆炸丝沿面击穿以提高金属丝中沉积能量的有效方法,以实现真空中的完全汽化 EEW。本书完成的工作及结论如下:

(1) 研制了小型脉冲功率实验平台 PPG-3:开路输出电压 0~120kV,短路输出电流 0~2kA,电流上升时间约 20ns,输出电阻 50Ω。

(2) 基于电学、光学诊断研究了各种影响因素(丝直径、长度,驱动电流极性、上升率、电极结构,以及丝表面绝缘镀层等)对 EEW 性能特别是沿面击穿的影响规律,发现以下现象:负载阻抗与电源参数存在匹配关系,造成正、负极性下都存在能量沉积的最佳直径,提出此直径可通过钨丝沸点处的比功率加以确定;屏蔽阴极可在爆炸丝表面构造正向径向场,从而改善EEW 效果。

(3) 设计了光纤阵列探头,实现了对爆炸丝沿面击穿弧光的时间、空间分辨测量。实验结果表明:正极性电流驱动下沿面击穿起始于阴极,并向阳极发展,测量得到的发展速度约为 8.2mm/ns。

（4）提出阴极串联闪络开关构造正向径向电场法，极大地提高了正、负极性下爆炸丝比能量（实验中钨丝比能量分别提高到 2 倍和 3.5 倍）、能量沉积均匀性以及丝芯膨胀速度，且激光干涉照片表明爆炸产物中不存在高密度丝芯，即实现了"无核丝爆"。

关键词：金属丝电爆炸；Z 箍缩；沿面击穿；比能量

Abstract

Z-pinch is considered as a promising approach to inertial confined fusion because of the high capacity of X-ray radiation and high efficiency of transforming electrical energy into radiation. The first stage of wire array Z-pinch is electrical explosion of wires (EEW); the density distribution of the exploding product is determined by the energy depositon of this stage, which has great influence on the following implosion dynamics. The surface electrical breakdown along the wire limits the energy deposition. As a result, the wire is transformed into a "core-crona" structure instead of it. The ablation of the current-carrying corona plasma creates non-uniform mass distribution inside the array, which adds to the Magneto-Rayleigh-Taylor (MRT) instabilities during the implosion stage, decreases the implosion kinetic energy and the stagnation duration, and greatly degrades the X-ray radiation power and energy.

Preliminary experimental and numerical results have shown that the MRT instabilities can be mitigated and X-ray emission improved if the "core-crona" structure is removed by a "prepulse", which arrives before the high-current main pulse and vaporizes the wire array, allowing the exploding wires to expand and form certain mass distribution. Based on this concept, this dissertation deals with EEW driven by prepulse(current with parameters similar to prepulse), and focuses on the suppression of surface breakdown along the wire surface and the improving of deposited energy, with ultimate goal to realize fully vaporized wire explosion of materials with high melting point, such as tungsten. The main works and conclusions are as following:

(1) A small pulsed power platform pulse power generator No. 3 (PPG-3)was built for the prupose, the parameters as follows: open circuit

voltage 0 — 120kV; short circuit current 0 — 2kA; rising time of current about 20ns; output resistance 50Ω.

（2） The optical measuring system of PPG-3 includes laser shadowgraph and Mach-Zehnder interferometry. Experiments with electrical（current and voltage measurements） and optical diagnostics（laser shadowgraph and Mach-Zehnder interferometry） were carried out in order to study the effect of various factors（diameter and length of load wire, polarity and di/dt of driving current, electrode geometry, insulation coating）on EEW, especially on surface breakdown process. Experimental results show that: due to the matching between wire impedance and pulser parameters, there is a "best diameter" for energy deposition under both positive and negative polarities, and the diameter can be determined by the specific power at vaporizing point. Positive surface electric field can be formed by using a shielded cathode, so as to improve the performance of EEW greatly.

（3）A probe of optical fiber array was designed to directly measure the arc radiation of the surface breakdown. Experimental results show that for EEW driven by positive current, surface breakdown initiates near the cathode and propogates towards the anode, and the speed measured in our experiments is about 8.2mm/ns.

（4）Based on the experimental study of single wire EEW, we proposed a new method of improving the performance of EEW called "insulated cathode" by conbining the two independent methods "creation of positive radial electric field" and "increasing di/dt of driving current". Experimental results show great improvements of specific energy（2 times and 3.5 times for positive and negative EEW respectively） and homogeneity of energy deposition, and the dense wire core is absent according to the interferograms（fully vaporized EEW achieved）.

Key words: electrical explosion of wires; Z-pinch; surface breakdown; specific energy

目　录

第1章　引　　言

1.1　研究背景和现状

1.1.1　Z箍缩简介

等离子体物理中的Z箍缩[1-3](Z-pinch)是指载流等离子体在其轴向电流自磁压作用下向轴心收缩的过程,如图1.1所示。箍缩现象本质上是由带电粒子在磁场中运动时所受的洛伦兹力引起的,类似于同方向电流的相互吸引。大型Z箍缩装置的驱动电流可达数十兆安,这样巨大的电流将产生巨大的磁压力,进而在负载上产生高温、高密、高压、高速和强辐射等环境。Z箍缩是高能量密度物理中用于获得极端物理环境的重要手段[4,5],在核爆辐射效应模拟、极端条件下材料科学、实验室天体物理等领域有着广泛应用,并被认为是实现惯性约束受控核聚变的可能途径[6-13]。

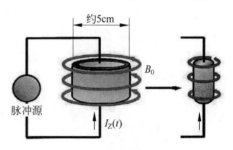

图1.1　Z箍缩原理

在Z箍缩的诸多潜在应用中,实现受控核聚变[14]无疑是最为激动人心的。聚变能源是人类梦寐以求的终极能源,目前被认为有望实现受控核聚变的技术手段主要分为两类:第一类是以托卡马克装置为代表的磁约束聚变[15],其技术相对成熟,但距离实现聚变能源应用还有相当距离,且装置造价高昂,图1.2(a)为建造中的世界上最大的托卡马克装置ITER(International Thermonuclear Experimental Reactor),预计于2025年建成,造价逾200亿欧元;第二类是以激光驱动[16,17]和Z箍缩驱动为代表的惯性约束聚变,其中Z箍缩驱动方式由于具有较高的能量转化效率和较低的装置造价,被公认为一种很有竞争力的实现聚变能源的可行途径,图1.2(b)为美国圣地亚(Sandia)国家实验室的 ZR(Z Refurbishment)装置放电照片。

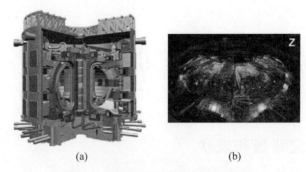

(a)   (b)

图 1.2   有望实现受控核聚变的装置

(a) 托卡马克装置 ITER；(b) Z 箍缩装置 ZR 放电照片

图 1.3 展示了两种 Z 箍缩聚变靶构型，其设计思路主要为利用双端丝阵 Z 箍缩[18]或丝阵与泡沫材料(foam)相互作用[19]产生的 X 射线辐照氘氚靶丸，使之达到聚变点火所要求的高温、高密状态。然而目前丝阵 Z 箍缩的 X 射线的辐射功率和产额还远不能满足聚变点火的需求，因此 Z 箍缩研究中的关键问题便是提高其 X 射线辐射能力，解决这一问题的途径有两方面：第一是提高驱动源的电流等级；第二是对 Z 箍缩负载进行优化设计，提高其辐射效率。

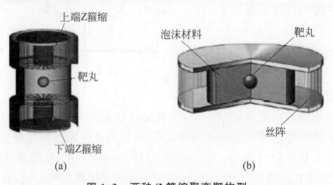

上端Z箍缩   泡沫材料   靶丸
靶丸
下端Z箍缩   丝阵
(a)   (b)

图 1.3   两种 Z 箍缩聚变靶构型

(a) 双端 Z 箍缩黑腔；(b) 动态 Z 箍缩黑腔

表 1.1 列出了目前世界上具有代表性的 Z 箍缩驱动源，其中电流等级最高的是美国圣地亚实验室的 ZR 装置，驱动电流为 26～30MA，其单位长度丝阵负载的 X 射线辐射产额约为 1MJ/cm，按照这一辐射量进行推算，实现聚变点火所需要的驱动电流为 60MA，而实现聚变能源所需要的驱动电

流将达到 90MA。图 1.4 为设想的实现聚变点火的 Z 箍缩装置,其直径达 100m,是 ZR 装置的三倍[20]。虽然现有的 Z 箍缩驱动源距离这一电流等级还有相当的距离,但下一代 Z 箍缩装置将大大缩短这一差距:俄罗斯于 2012 年启动了贝加尔(Baikal)计划[21],将建造基于 Marx 发生器和脉冲压缩技术的 Z 箍缩实验平台,驱动电流 50MA,是世界上目前在建的最大驱动源;美国已经计划建造基于新型 FLTD 技术的 Z300 和 Z800 装置,其驱动电流分别为 48MA 和 70MA;我国也已经启动了 30MA 和 50MA 驱动源的设计论证工作。

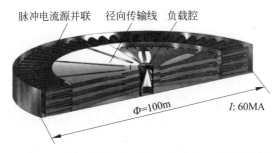

脉冲电流源并联　径向传输线　负载腔

$\Phi=100\text{m}$　　$I:60\text{MA}$

图 1.4　设想的用于实现聚变点火的 Z 箍缩装置

表 1.1　具有代表性的 Z 箍缩装置

国家	机　　构	装 置 名 称	电流参数(幅值,上升时间)
美国	圣地亚国家实验室	ZR[22]	26～30MA,100ns
美国	康奈尔大学	LION[23]	0.46MA,80ns(FWHM)
英国	帝国理工学院	MAGPIE[24]	1.8MA,150ns
俄罗斯	库恰托夫研究所	Angara-5-1[25]	5MA,90ns
中国	工程物理研究院	PTS[26]	8～10MA,90ns
中国	工程物理研究院	"阳"加速器[27]	1MA,80ns
中国	西北核技术研究所	强光 1 号[28]	2.1MA,100ns
中国	清华大学	PPG-1[29]	0.4MA,100ns

1.1.2　Z 箍缩的发展历程

由于驱动源规模巨大,对现有装置进行改造升级或建造新驱动源都需要耗费大量人力、物力,这对于任何机构而言都需要慎重权衡和反复论证。在 Z 箍缩的发展历史上,如果某一时期的实验结果显示出实现受控核聚变的希望,那么这一时期 Z 箍缩就获得高度重视,得到大量投入;相反若研究遇到难以解决的问题,让人们感到实现聚变的希望渺茫,那么 Z 箍缩就受到冷落,其发展就停滞不前。而 Z 箍缩的主要物理过程都发生在负载上,因此负载的发展实际上左右了 Z 箍缩研究的兴衰起落。

Z 箍缩负载的发展历程是极其波折的,早在 20 世纪 50 年代,人们就产生了利用 Z 箍缩驱动热核反应实现受控核聚变的想法[30,31]。最初使用的负载为氘氚气体,即在真空环境下将氘氚气体喷入电极间隙,进而利用大电流对放电等离子体进行直接压缩。然而这种方式的效果并不理想[32],原因是箍缩过程中磁流体不稳定性的发展过早地破坏了等离子体的平衡状态,限制了箍缩等离子体所能达到的温度和密度,并缩短了惯性约束的时间。为了解决这一问题,人们采取了诸多措施,例如借助传输线技术提高驱动电流的上升率[33]等,虽然使箍缩等离子体的温度和密度得以提高,但距离“劳逊判据”[34]所给出的聚变门槛仍有相当距离。在多方努力和尝试无果的情况下,Z 箍缩在 60 年代陷入低谷。

20 世纪 70 年代,有研究者提出利用大量金属丝并联组成的丝阵替代喷气式负载可有效地提高内爆等离子体的稳定性[35,36],但这一建议并没有立即受到重视。直到 90 年代,圣地亚国家实验室的研究人员在 Saturn 加速器上取得突破,他们在实验中发现当铝丝丝阵中金属丝间距小于 1.5mm 时,其 X 射线辐射功率随丝间距的减小迅速增大至 40TW[37]。在这一成果的基础上,圣地亚实验室对原有的聚变加速器 PBFA-Ⅱ进行了升级,建造了输出电流达 20MA 的 PBFA-Z(简称 Z)装置[38]。1996 年 Z 装置驱动单层钨丝丝阵(图 1.5(a))产生了 200TW 的 X 射线峰值功率[39]。1998 年 Deeny 在单层丝阵的基础上提出双层嵌套丝阵构型[38](图 1.5(b)),在 Z 装置上获得了总能量 1.75MJ、峰值功率 280TW 的 X 射线脉冲,且其电能到 X 射线能量的转化效率达到 16%。这一系列重大突破使得 Z 箍缩作为实现受控核聚变的潜在途径再一次受到世人关注,同时也带动了以俄罗斯、中国为代表的主要有核国家研究 Z 箍缩的热潮。圣地亚实验室于 2007 年开始将 Z 装置进一步扩建为 ZR[40,41],继续保持其在驱动源和箍缩物理领域的领先地位。

可见 Z 箍缩驱动源与负载的发展是相辅相成的,负载优化所带来的突破性成果是驱动源更新换代的重要推动力,而驱动源电流等级的提升也使得对负载物理过程的认识不断加深。另外从 Z 箍缩负载的发展过程可知,负载优化所围绕的核心问题是箍缩过程磁流体不稳定性的抑制[42]。

(a)   (b)

图 1.5 丝阵负载构型

（a）单层丝阵负载；（b）双层丝阵负载

1.1.3 丝阵 Z 箍缩过程

理想的丝阵 Z 箍缩过程可用图 1.6 表示，并分为三个阶段。第一个阶段为起始阶段，金属丝在脉冲电流驱动下发生电爆炸，经历急剧相变并形成孤立的等离子体柱，高温等离子体柱迅速膨胀并融合形成均匀壳层；第二阶段为内爆阶段，等离子体壳层在磁压力驱动下向轴心加速，将电能大量转化为内爆动能；第三阶段为滞止阶段，箍缩等离子体在轴心附近达到极高的温度和密度，并辐射出强烈的 X 射线，这一过程中内爆动能和电能转化为箍缩等离子体的内能，并进一步转化为 X 射线辐射能量。

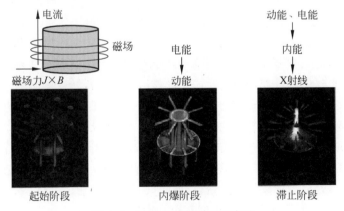

图 1.6 理想 Z 箍缩过程示意图

磁流体仿真结果表明，内爆过程中均匀壳层结构的存在可以显著抑制箍缩过程磁流体不稳定性（壳层质量分布的不均匀性提供了随后阶段不稳定性发展的种子),从而提高最终 X 射线辐射产额。然而在实际的 Z 箍缩过程中,丝阵负载难以形成壳层结构,且从箍缩的初始阶段即开始表现出明显的差异。

初始阶段,丝阵中的金属丝并不能在脉冲电流驱动下完全汽化并形成快速膨胀的等离子体柱,而是形成由外层冕(晕层)等离子体和内部高密度丝核(丝芯)组成的"核冕"二元结构(或称芯晕结构)[43],图 1.7(a)为单丝的 X 射线阴影照片,其成因为金属丝表面的沿面击穿,具体过程将在后文详细介绍。高电导率的冕等离子体极大地限制了丝核的能量积累,使丝核难以达到较高的温度,从而大大降低其膨胀速率,使丝阵中各单丝无法融合形成均匀壳层;另外载流的冕等离子体在膨胀过程中将产生严重的磁流体不稳定性,即图 1.7(a)中显著的 $m=0$ 不稳定性。在随后的内爆过程中,低密度的冕等离子体优先在电流磁场力作用下被扫掠到丝阵轴心,在这一过程中,向轴心运动的冕等离子体流并不是均匀的,而是形成一系列分立的等离子体流(streams)。图 1.7(b)为典型双丝 Z 箍缩过程的激光阴影照片,其中明显观察到上述等离子体流,其成因可能为冕等离子体不稳定性导致的轴向密度分布不均,相邻等离子体流间的距离与金属丝材料有关,常被称为"特征波长"。随着冕等离子体不断被剥离,冕层电阻上升,一部分电流就转移到丝核表面使之汽化形成新的冕等离子体,从而形成连续的指向轴心的质量流,这一过程称为"质量消融"过程[44,45]。消融等离子体流在轴心附近碰撞并累积形成柱状"先驱等离子体",部分电流流经这一等离子体柱导致磁流体不稳定性的发展,观察图 1.7(b)中的先驱等离子体可见显著的扭曲不稳定性。质量消融过程导致丝核质量不断减小,某一时刻丝阵将启动整体内爆过程。通常整体内爆时刻消融质量对应于丝阵质量的 50% 左右,也有文献认为整体内爆起始时刻对应于丝核因消融出现断裂的时刻。由于整体内爆前消融等离子体流已经在丝阵内部形成了轴向极不均匀的密度分布,内爆等离子体将产生严重的磁瑞利泰勒(MRT)不稳定性,形成如图 1.7(c)所示的磁场"气泡"和等离子体"长钉",其中等离子体长钉常被称为"拖尾质量",对丝阵滞止辐射无贡献。因此 MRT 不稳定性的充分发展降低了参与内爆的等离子体质量,从而降低了内爆动能,并导致箍缩等离子体柱提前崩溃,是限制丝阵 X 射线辐射功率和能量的主要因素。

由上述丝阵 Z 箍缩过程可知,减小或抑制内爆 MRT 不稳定性是提高丝阵辐射能力的关键。而内爆早期的不均匀质量消融为内爆 MRT 不稳定性的发生提供了最重要的种子,因此希望抑制不均匀质量消融。而造成质

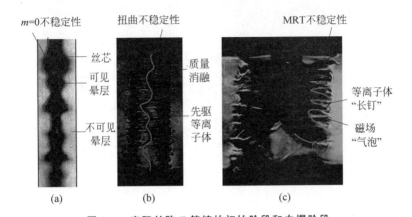

图 1.7　实际丝阵 Z 箍缩的初始阶段和内爆阶段

（a）单丝电爆炸形成的"核-晕"结构；（b）丝阵 Z 箍缩中的质量消融过程；
（c）主体内爆阶段的磁瑞利泰勒不稳定性

量消融的原因为起始阶段各单丝核晕结构的产生，因此需要从丝阵 Z 箍缩起始阶段的单丝电爆炸过程着手对丝阵内爆动力学行为进行调控。为此人们提出了"无核丝爆"的概念，即在初始的电爆炸阶段向金属丝中注入足够的能量使金属丝完全汽化，从而避免核晕结构的产生，以期改善随后内爆阶段负载的均匀性。因此实现 Z 箍缩初始阶段丝阵的无核丝爆是丝阵负载优化的可行途径。

1.1.4　Z 箍缩装置中的预脉冲

　　大型 Z 箍缩装置中存在预脉冲[46-50]，预脉冲先于主脉冲数百纳秒到达丝阵，因此丝阵初始阶段的电爆炸过程实际上是由预脉冲驱动的。

　　图 1.8 是一台典型的基于 Marx 发生器和传输线的脉冲功率装置，其预脉冲产生的原因是主开关的电容耦合[50,51]：Marx 发生器对脉冲形成线充电时主开关相当于一个小电容，而其后端连接的脉冲传输线可视为阻值为波阻抗的纯电阻，因此形成线上的充电脉冲将通过位移电流耦合到传输线上，并到达负载。预脉冲的电流幅值为主脉冲的 $1\%\sim2\%$，但由于主脉冲的电流幅值巨大，预脉冲仍足以驱动丝阵发生电爆炸。以圣地亚实验室的 ZR 装置为例，其主脉冲电流约为 20MA，而预脉冲的幅值可达到每根丝约 1kA，电流上升率为十到数十安每纳秒。在这种电流上升率极低的预脉冲驱动下，丝阵中的单丝将发生不充分的电爆炸，形成严重的核晕结构。因此在大型 Z 箍缩装置中一般希望利用预脉冲开关等手段对预脉冲进行抑

制,使其无法驱动丝阵发生电爆炸[52]。

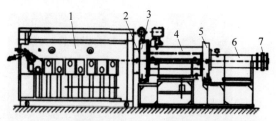

图 1.8　基于 Marx 发生器和传输线的脉冲功率装置
1. Marx 发生器；2. 过渡段；3. 四分路段；4. 脉冲形成线；
5. 主开关；6. 传输线；7. 真空绝缘段及负载

　　与抑制预脉冲的思路不同,近年来发展出了利用预脉冲或通过人工施加预脉冲改善 Z 箍缩动力学过程的新思路:在主脉冲到达之前利用预脉冲或人工预脉冲对丝阵进行加热,并使其完全汽化;由于预脉冲与主脉冲一般有数百纳秒的时间间隔,爆炸丝可利用这一时间充分膨胀并相互融合形成均匀壳层,而壳层结构的形成将有利于抑制后续内爆过程的不稳定性[46]。

　　这方面的典型成果来自英国帝国理工学院,Lebedev 课题组设计了反向并联的双层丝阵[53],如图 1.9(a)所示,上方的负载丝阵初始阻抗较小,因此优先被电流加热,随着其温度升高,电阻迅速增大,并超过并联的反向丝阵,电流就换流到反向丝阵中,这一换流过程可在负载丝阵上形成幅值约5kA,宽度约 25ns 的预脉冲。由于总电流通过反向丝阵的轴心,电流换流后将驱动反向丝阵发生外爆,外爆导致反向丝阵回路电感增大,这时主电流又切换到负载丝阵中并驱动其发生内爆,反向丝阵的外爆过程在预脉冲与主电流之间可以形成约 140ns 的时间间隔。

　　实验结果表明,施加在丝阵上的预脉冲可将铝丝完全汽化,并在随后的140ns 时间内膨胀到相当的直径,在主脉冲到达时负载丝阵不出现质量消融过程,实现了无拖尾质量(金属丝原始位置无剩余质量)的内爆,箍缩的均匀性大大提高,图 1.9(b)为条纹相机拍摄的丝阵中单丝位置随时间的变化。

　　这一结果是近年来利用人工预脉冲改善 Z 箍缩动力学过程最成功的尝试,虽然实验所使用的是熔点较低的铝丝,而没有使用丝阵 Z 箍缩常用的高熔点金属钨丝进行实验,但其优异的效果仍然让人们看到了利用预脉冲调控改善内爆均匀性和提高辐射转换效率的可行性。

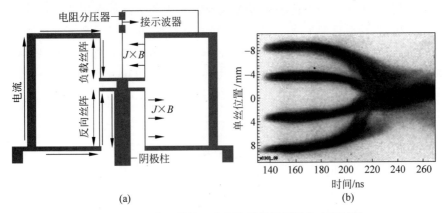

图 1.9 双丝阵 Z 箍缩示意图和无拖尾质量的内爆过程

(a) 双层丝阵结构图；(b) 条纹相机拍摄的丝阵内爆过程

1.1.5 预脉冲驱动的金属丝电爆炸

目前有多家机构正在进行以大电流 Z 箍缩为背景的丝爆研究，其主要目标之一就是实现预脉冲驱动下金属丝（特别是钨、钼等高熔点金属）的无核丝爆：国外研究机构主要包括美国圣地亚国家实验室[45,46,54-67]、康奈尔大学[44,45,49,68-74]和英国帝国理工学院[1,43-45,47,53,73,75-85]等；国内主要有西安交通大学[86-88]、清华大学[89-91]等。本节将详细介绍真空环境下预脉冲单丝电爆炸的物理过程和相关特性。注意这里的"预脉冲丝爆"并非在大型 Z 箍缩装置上进行，而是使用电流上升率与预脉冲相近的小型脉冲源进行丝爆研究。

图 1.10 为本书介绍的装置 PPG-3 上测量得到的钨丝单丝电爆炸的电流、电压波形。使用不同材料的金属丝作为负载时，电爆炸的电流、电压均具有十分相似的特征。根据电压波形的特征，可将丝爆过程划分为三个阶段，即图 1.10 中的 $0 < t < t_1$，$t_1 < t < t_2$ 和 $t > t_2$ 阶段。这三个时间段分别对应负载丝两端电压急剧上升、电压跌落以及电压维持稳定且接近于零的三个阶段。第一阶段称为焦耳加热，该阶段金属丝被电流加热，温度升高，电阻增大，其两端电压迅速增大（图中电压波形上升沿的第一个较小的峰值是由金属丝电感引起的）。当金属丝两端电压上升到一定程度时，就进入沿面击穿起始和发展的第二阶段，沿面放电产生的迅速膨胀的晕层等离子体具有迅速减小的电阻，从而使整个负载的等效电阻迅速减小，与一般的击穿

现象相同,在电压波形上这一阶段表现为跌落式的迅速下降。随后丝爆进入第三阶段,这时已经形成了相对稳定的核冕结构,电流几乎全部流过晕层等离子体,对丝芯的焦耳加热停止,丝芯只能依靠外层热等离子体的热传导和热辐射获得能量,观察图 1.10 中总电压和电感性电压波形可知这一阶段二者几乎相等,表明此时爆炸丝可视为纯感性的短路负载。

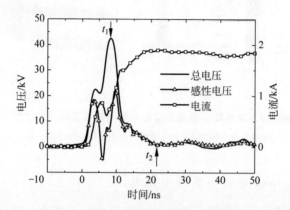

图 1.10　钨丝单丝(直径 18μm,长度 1cm)电爆炸过程中电流、总电压和感性电压随时间的变化曲线

丝爆的关键阶段是第二阶段——沿面击穿的起始和发展阶段。在该阶段的起点,金属丝两端电压处于峰值附近,电流通过焦耳加热向丝芯中注入能量的功率也达到最大;但随后的沿面放电产生了电阻迅速下降的晕层等离子体,爆炸丝经历由丝芯向外层冕等离子体的分流过程,丝芯的能量注入功率迅速下降。这一过程决定了金属丝芯在整个丝爆过程中所沉积的最大能量是有限的,而这一复杂的沿面放电和等离子体扩散过程的电阻变化情况是难以测量和估计的,因此丝爆过程中金属丝芯所获得的最大能量是无法准确计算的,通常会选取某些特征时刻的注入能量来表征丝芯的能量沉积情况。

丝爆过程中丝芯的最大能量沉积是衡量丝爆效果的十分重要的参数,更高的沉积能量意味着丝芯具有更高的汽化率和膨胀速度,爆炸丝整体的膨胀均匀性也往往更好。若丝芯的平均沉积能量大大超出金属材料的原子化焓,则可以实现金属丝的"无核丝爆"。从这个角度讲,实现"无核丝爆"与设法提高丝芯沉积能量是等同的,沉积能量的具体估算方式将在 3.1 节叙述。

丝爆过程的电流波形也具有显著的特征,当负载丝两端电压接近峰值时,其电流会出现滞止甚至减小,这一特征表明金属丝电阻急剧上升,这一滞止时间的长度常常能够反映丝芯能量沉积的多少(滞止阶段持续的时间越长,丝芯的注入能量就越多);在随后的沿面击穿阶段,电流以极大的上升率迅速达到短路电流,这是由于形成了高电导率的晕层等离子体。

丝爆的其他特征参数包括自辐射功率和膨胀速度等。光辐射的第一个峰值来自沿面击穿的弧光,这一弧光的特点是具有快速上升沿和较窄的脉宽,常常根据这一峰值的存在与否判断负载金属丝表面是否发生了闪络。一般可近似认为金属丝的膨胀也起始于沿面击穿阶段,由于在此之前金属丝中流过大电流,电流的磁压力抑制了金属丝的受热膨胀。在金属丝中的电流被晕层等离子体分流后磁压力即解除,金属丝开始加速膨胀。在丝爆的第三阶段,金属丝的膨胀可视为匀速的,且该膨胀速度与丝芯的沉积能量存在线性关系[62],PPG-3 上的实验结果支持这一结论。

二元结构中外层的晕层等离子体具有更高的温度,因而具有更高的膨胀速度,可通过双丝并联丝爆的方式[58]测量两根金属丝晕层碰撞产生的辐射峰值,从而确定晕层的膨胀速度。值得一提的是,晕层等离子体可在数百纳秒的时间内扩散到达负载腔的回流柱,由于金属丝电流的测量一般在低压侧进行,此时会看到流过金属丝的电流似乎“消失”了,实际上此时负载腔电流与短路电流接近,只是绝大部分电流通过晕层等离子体回流,而不经过放置于金属丝下方的电流探头。文献[58]和 PPG-3 上的实验都得到了这一结果。

1.1.6　爆炸丝表面沿面击穿

本节将详细介绍丝爆过程中的沿面击穿。爆炸丝的沿面击穿发生在导电的金属丝两端,如图 1.11 所示。这与通常意义上的绝缘子沿面击穿有所不同,但同样是在固体/液体表面附近的气体层中发生的气体放电现象,两者有着很多相似之处。

参考一般的气体放电条件可知,发生这一击穿的要素包括气体介质、引发碰撞电离的种子电子以及驱动放电发展的轴向电场。

气体介质的来源包括环境气体、金属丝受热后释放出的吸附气体、金属丝内部低沸点杂质的汽化以及金属丝本身的汽化。由于本书研究的丝爆在接

图 1.11　典型的单丝电爆炸电极构型

近真空的环境下进行(典型气压 $1 \times 10^{-3} Pa$),环境气体可以忽略不计。除此之外,可将气体的解吸附与金属丝内部杂质的汽化归为一类,而将金属丝本身的汽化归为第二类。这两类气体都可造成金属丝表面的击穿,其不同之处在于两类气体介质产生所需要的温度不同,第一类所需的温度一般较低,在金属丝加热的过程中第一类气体先于第二类产生。若金属丝在第一类气体产生时就发生了沿面击穿,其丝芯的注入能量常常较低,这种情况是需要尽可能避免的;而第二类气体来源于金属丝本身的汽化,温度较高,表明丝芯的沉积能量已经达到了较高水平。

种子电子的主要来源包括金属丝表面的热发射、金属丝与电极接触电阻发热造成的热发射以及结合部位的高场造成的强局部击穿等[92]。另外,若金属丝表面存在负的径向电场分量(沿径向由无穷远指向金属丝表面,在负极性电流驱动的丝爆中多见),由于金属丝直径很小,这一电场往往可以达到场致发射的水平,从而在高温的金属丝表面造成更加强烈的"热-场"发射[93-95]。不同金属材料发射种子电子的能力不同,这一事实在很大程度上决定了不同材料的金属丝在电爆炸时丝芯的最大沉积能量不同。高熔点金属一般具有更强的电子发射能力,这一特点使得高熔点材料更加难以在电爆炸过程中获得足够的用于汽化的能量,甚至在熔化之前发生沿面击穿[72](对应于前文中第一类气体的产生阶段)。常见的低熔点金属包括铝、银、铜、金等,典型的高熔点金属包括钨、钼、钛等。大电流 Z 箍缩中最为常用的负载丝钨丝就属于典型的高熔点金属,因此实现钨丝的无核丝爆是非常有意义又极具挑战性的。

驱动沿面放电发展的轴向电场来源于金属丝的高电阻和流过金属丝的大电流在阴阳极之间产生的高电压。

1.1.7　影响沿面击穿的因素

为了提高电爆炸过程中丝芯的沉积能量,首先需要研究金属丝本身性质和各种外界因素对丝爆过程的影响情况:需要考虑的因素包括金属丝材料、尺寸、是否外加绝缘镀层、环境气压、杂质、驱动电流的上升率、极性以及金属丝与电极的接触情况等。由前面的叙述可知,决定丝芯沉积能量的关键阶段是沿面击穿阶段,相应的上述各种因素对沉积能量的影响也大都可以归结到对沿面击穿过程的影响上。本节将介绍影响爆炸丝沿面击穿和能量沉积的几个典型因素。

(1) 气压。金属丝在低气压和常压下的丝爆过程有着明显的区别,常压下一般不会出现沿面击穿的过程。在常压或更高气压下，金属丝在电流的作用下经历熔化、汽化过程，最终在金属蒸气中发生电弧放电，形成均匀的等离子体柱，并发生均匀的膨胀。根据气体的碰撞电离理论，金属丝表面发射的电子在气体高密度的情况下自由程减小，其两次碰撞间积累的能量将不足以引发碰撞电离，因此其击穿所需的电压非常高，以至于只有当金属丝转化为几乎绝缘的气态时才能发生击穿。本书研究的重点为真空中的丝爆，因此对高气压下的情况不做更多讨论。

（2）绝缘镀层。实验发现，镀膜（表面覆盖绝缘镀层，如聚酰亚胺）可以显著提高真空中丝爆的沉积能量[72,86]，且对于高熔点和低熔点金属都有很好的效果。绝缘镀层的作用一般认为是其阻碍了丝表面的电子发射，从而延后了沿面击穿的发生。

（3）电流上升率。实验结果表明，提高电流上升率可有效提高丝爆的沉积能量[65]。从击穿的"伏秒特性"来看，更大的电流上升率可以在击穿发生之前向丝中注入更多的能量。

使用约 150A/ns 的电流上升率结合聚酰亚胺镀层，Sarkisov 等[60]报道实现了长度 2cm、直径 12μm 钨丝的完全汽化丝爆，计算得到的钨丝平均沉积能量高达 180eV/atom，这一数值约为钨原子化焓（使常温下钨完全汽化所需注入的能量）的 20 倍。

然而遗憾的是，PPG-3 上的镀膜丝实验并没有成功重复这一结果，使用导体直径为 12.5μm 的镀膜钨丝，电流上升率约为 100A/ns，对于 1cm 长度钨丝，注入能量约为 20eV/atom，与文献中得到的 180eV/atom 相距甚远；利用闪络开关对驱动电流进行陡化后电流上升率可接近 200A/ns，但此时的沉积能量约为 35eV/atom，仍远低于文献[60]给出的数值；另外文献[86]中的镀膜丝实验同样仅获得了远低于 180eV/atom 的比能量（约 10eV/atom）。文献[60]中给出了沉积能量 180eV/atom 的镀膜钨丝激光阴影图像，但由拍照时刻和爆炸丝直径估算的膨胀速度远低于 180eV/atom 沉积能量所应达到的数值。且上述文献中并未解释实验测得的高达 400kV 的负载电压以及电压与电流波形的明显不匹配问题，因此这一沉积能量结果可能是电压测量错误造成的。

另外，应该指出的是，镀膜丝在丝阵 Z 箍缩中的使用是否可带来 X 射线辐射功率或能量的提高尚未得到足够的实验验证。绝缘镀层作为一种提高电爆炸金属丝能量沉积的方式早在 2000 年就已经被多次报道，但至今尚未看到在大型 Z 箍缩装置上使用镀膜丝获得 X 射线辐射功率提高的报道。虽然绝缘镀层可以有效抑制爆炸丝的表面电子发射,但丝爆过程中绝缘镀层的加热只能依靠金属丝的热传导和辐射,实验结果表明,能量沉积较低时绝缘镀层将维持高密度状态,而现有大型 Z 箍缩装置的预脉冲电流上升率不足的特点决定了即使使用镀膜丝也无法获得超高的能量沉积。高密度的镀层碎片在随后的内爆过程中可能成为诱发不稳定性的种子。

(4) 极性。这里极性表示驱动电流的极性或高压电极相对地电极的电位正负。与很多极不均匀场中的放电现象相似,丝爆具有显著的"极性效应",即驱动电流极性不同时,爆炸丝的沉积能量和外形都有明显差别[64](爆炸丝外形体现了局部的能量沉积情况,局部能量高的位置膨胀率大)。正极性下爆炸丝外形呈锥形,沉积能量的最大值出现在阳极附近,且向阴极递减;负极性下爆炸丝中部的沉积能量低于电极附近区域,且沉积能量最低的区域出现在阴极附近。另外平均沉积能量的正极性明显大于负极性。"极性效应"的产生与金属丝表面的径向电场密切相关,对于正极性驱动电流,其径向电场方向为由丝表面指向无穷远(定义该方向为正),该径向电场可抑制丝表面的电子热发射,而负极性下该径向电场为负,可造成表面"热-场"发射。这种差别必然造成沿面击穿起始时刻的差异,正向径向电场可延迟沿面击穿,从而使丝芯获得更高的能量沉积。另外金属丝的外形与径向电场的轴向分布有关,若局部径向电场为正,其幅值越大,则其抑制电子发射的能力越强,该处的局部能量沉积就越高,同一时刻的膨胀率越高;反之,若径向电场为负,其幅值越大,局部表面电子发射越强烈,该处局部能量沉积就越低,在阴影照片中的直径也越小。

除此之外,影响爆炸丝能量沉积的因素还包括金属丝与电极的电接触情况以及预加热等。文献[96]中的结果表明通过焊接等手段保证丝与电极的良好接触,能量沉积量大为增加,但这种方法的局限性在于只能处理铜等容易焊接的金属,对于钨丝等难以焊接的金属并不适用。另外,有实验结果表明,若使用较小的直流将金属丝事先加热到较高的温度,则爆炸丝可在脉冲电流驱动下获得更高的沉积能量[97,98]。这种方法的问题在于需要在脉冲电流施加到金属丝上时,使金属丝具有很高的初始温度,要求整个丝爆过程中不切断直流供电,这将带来隔离、绝缘等问题,并不能方便地用于大电流 Z 箍缩装置中。

1.2　预脉冲丝爆的研究意义和本书主要工作

对于大电流 Z 箍缩而言,负载丝阵在预脉冲驱动下形成"核冕结构"是限制其 X 射线辐射性能的重要因素。已有的实验结果表明[46,53],预脉冲阶段向丝阵注入的能量越多,则丝阵的初始状态越均匀,最终的 X 射线辐射功率和能量也越高。更进一步,模拟计算表明若能利用预脉冲实现丝阵中各单丝的无核丝爆,并利用预脉冲与主脉冲之间的时间间隔令爆炸丝充分膨胀、融合形成壳层,将从根本上改善 Z 箍缩的动力学过程,极大地提高其 X 射线辐射性能,使丝阵 Z 箍缩的研究进入一个全新阶段。为此本书开展了预脉冲作用下的金属丝电爆炸研究,探寻抑制爆炸丝沿面击穿以提高其沉积能量的有效方法,并期望实现真空中高熔点金属丝(如钨丝裸丝)的无核丝爆。

本书涉及的研究工作得到了国家自然科学基金项目(编号:51177086,11135007,51237006)的资助,具体内容如下:

(1) 根据研究内容需要,搭建了小型脉冲功率实验平台 PPG-3。脉冲源参数:开路放电电压 0~120kV;短路放电电流 0~2kA,上升时间约 20ns;短路放电最大平均电流上升率约 100A/ns;输出电阻 50Ω。主要工作包括:装置机械结构设计;电测量系统设计,实现了纳秒时间尺度脉冲电压、电流的测量;光学测量系统设计,搭建了基于脉冲激光和光纤阵列的光学诊断系统,实现了丝爆物理过程的时间分辨激光诊断以及沿面击穿弧光发展过程的时间与空间分辨光学测量。

(2) 系统研究了各种参数或条件对于丝爆沉积能量等特征参数的影响(包括丝直径、长度、驱动电流极性、上升率,电极结构等)。

(3) 深入研究了正、负极性下镀膜丝的电爆炸特性,并对正极性驱动电流下镀层厚度对爆炸丝电离度和温度的影响进行了详细讨论。

(4) 研究了径向电场对丝爆能量沉积的影响,并将提高电流上升率与改善爆炸丝表面径向电场相结合,提出了使用阴极闪络开关提高爆炸丝沉积能量的方式。利用该方法实现了真空中钨丝裸丝的"无核丝爆"。

本书各章内容简述如下:

第 1 章为引言。介绍了 Z 箍缩和金属丝电爆炸的概况,明确了课题的研究背景、研究现状和存在的问题,并在此基础上详细介绍了课题的研究内容、思路和目标。

第 2 章为实验平台介绍。介绍了脉冲功率实验平台 PPG-3 的组成和各部分原理,包括主电路、负载腔、电学及光学测量系统,其中重点介绍了电学测量系统、脉冲激光成像系统以及光纤阵列自辐射测量系统。

第 3 章为单丝电爆炸的实验研究。给出了 PPG-3 上单丝电爆炸的实验结果和相应分析,包括负载钨丝直径和长度对丝爆比能量的影响,驱动电流极性即金属丝表面径向电场方向和分布对丝爆效果的影响,以及正负极性下带绝缘镀层的丝爆结果与分析。

第 4 章为提高真空中丝爆能量沉积的方法。给出了阴极串联闪络开关电极构型的详细实验结果,分析了其原理。

第 5 章为结论与创新点。

第 2 章 实 验 平 台

小型脉冲功率装置 PPG-3 用于单丝电爆炸实验,主要由脉冲电源、真空放电腔、电学测量系统和光学测量系统这几部分组成。PPG-3 照片如图 2.1 所示。

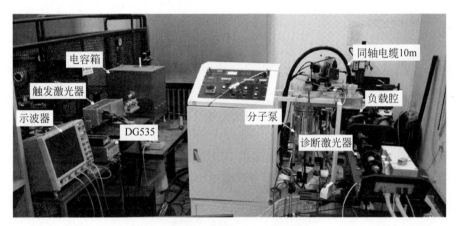

图 2.1 实验平台 PPG-3 整体照片

2.1 脉冲电源

2.1.1 主电路

PPG-3 的脉冲电路如图 2.2 所示。220V 交流电源经变压器 T 升压(220V～50kV),利用高压硅堆 D 进行半波整流,给并联的储能电容器组 C(4×2.5nF)充电,充电电压为 0～60kV,充电电阻 $R=10$MΩ,通过改变硅堆方向,可改变充电电压的极性。电容器 C 两端并联 750MΩ 电阻以及微安表以指示实际充电电压,微安表两端并联 200kΩ 保护电阻。电容器组通过一个气体间隙开关 G 与高压同轴电缆相连,电缆长度为 10m,波阻抗50Ω,作为脉冲传输线,电缆的另一端连接负载腔。R_c 和 L_c 表示主回路电阻和杂散电感,气体间隙开关 G 为激光触发开关,通过改变间隙的气压控制其击穿电压。采用激光触发的方式可获得较快的脉冲上升沿和较短的开关时延,且较容易实现与诊断系统的时序控制。

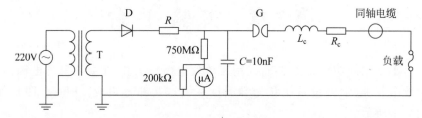

图 2.2　PPG-3 的电路

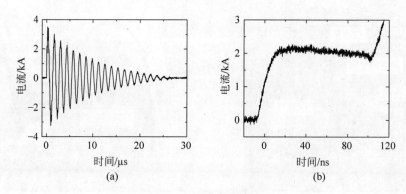

图 2.3　短路电流波形

(a) 长时间内短路电流波形;(b) 短路电流的第一个峰

　　电路的短路放电波形总体上是一个 RLC 衰减振荡,同时叠加了同轴电缆引起的折反射,如图 2.3(a)所示;用于驱动金属丝电爆炸的有效电流仅限于电流波形的第一个脉冲,其波形如图 2.3(b)所示。开路电压波形,如图 2.4 所示(充电电压 15kV 时),由于电缆末端开路电压波全反射,该波形峰值电压为 30kV,由图 2.4(a)可见经多次折反射后传输线电压趋于 15kV。

　　短路电流(图 2.3(b))及开路电压(图 2.4(b))第一个脉冲的上升时间约为 20ns。充电电压为 60kV 时对应的短路电流峰值约为 2kA,因此 60kV下平均电流上升率为 100A/ns。在电流幅值足以驱动负载金属丝电爆炸的前提下(丝芯能量沉积过程在电流的第一个上升沿完成),改变充电电压可以改变电流的上升率。充电电压为 30kV 时(可以驱动直径 25μm 以下金

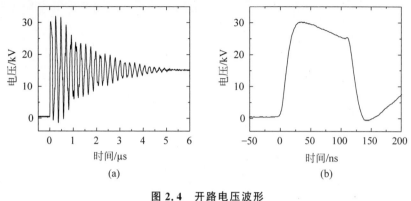

图 2.4　开路电压波形

（a）长时间内开路电压波形；（b）开路电压的第一个峰

属丝在电流上升沿完成丝芯能量沉积过程），对应的平均电流上升率为 50A/ns，即电流上升率与充电电压成正比，通过调节充电电压可以在较大范围内改变驱动电流的上升率。

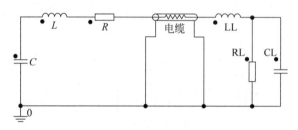

图 2.5　仿真使用的电路

　　利用电路仿真软件（SIMPLORER）对主电路进行仿真，并与实际开路和短路实验的测量结果对比印证。仿真所使用的电路如图 2.5 所示，只考虑储能电容放电部分，且认为间隙开关为理想开关。仿真结果如图 2.6 所示（已归一化，不包含幅值信息），仿真波形与相应的实测波形较为一致。

2.1.2　激光触发的气体间隙开关

　　图 2.7 为激光触发开关的结构示意图。电极间施加的工作电压低于间隙自击穿电压，当触发激光通过凸透镜聚焦于间隙中某点（或电极表面）时，激光聚焦点附近将由于高温热电离形成等离子体区或产生大量种子电子，从而引发间隙的击穿。与传统的电触发开关相比，激光触发开关具有较小的放电时延和抖动。

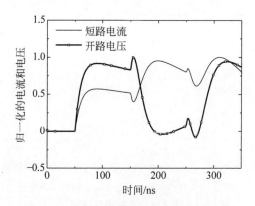

图 2.6　短路电流和开路电压的仿真波形

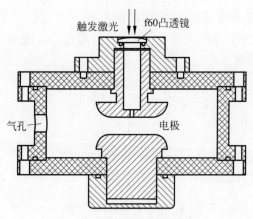

图 2.7　激光触发开关结构

　　电极间隙固定,为 10mm,电极表面采用圆弧＋直线型(类 Rogowski 曲面[99]),在电极直径较大时电极间为准均匀电场;通过调节开关腔内的气压得到所需的间隙击穿电压。已有实验结果表明,电极中心开通光孔与激光侧面入射相比可以得到更好的激光触发效果[100],因此本书中使用中心开孔结构。除此之外,我们尝试了另一种电极结构,即在图 2.7 中的下电极上也开通光孔,并安装凸透镜和全反镜,适当选择透镜的焦距可以在气体间隙中得到两个激光汇聚点(图 2.8),从而增大激光入射时的等离子体区域数及种子电子数,以期获得更优秀的开关性能。实测结果表明:与单透镜结构相比,这种结构能在更低的电压下触发;极间电压相同时能获得更快速的上升时间。但多次触发实验后发现全反镜的反射膜受到了损坏,因此最终并未采用这种方案。图 2.9 所示为激光触发开关实物照片及其在电容箱内的安装情况。

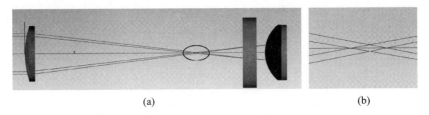

(a)   (b)

图 2.8　利用两个透镜产生两个激光汇聚点示意图

(a) 透镜布置示意图；(b) 焦点附近光线汇聚情况

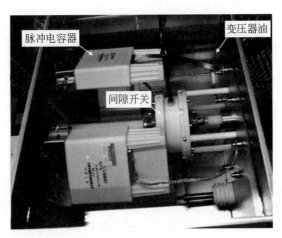

图 2.9　激光触发开关安装于电容箱内的照片

可按照均匀电场的放电规律考察间隙的自击穿情况，均匀场击穿场强的经验公式为 $E_b = 24.22\delta d + 6.08\sqrt{\delta d}$，式中 δ 为相对密度，常温下即腔内气体的大气压个数；d 为间隙距离，单位 cm。电场均匀时自击穿电压 (kV) 为 $V_b = E_b d = 24.22\delta d^2 + 6.08d\sqrt{\delta d}$。间隙距离 d 固定为 1cm，可得到间隙的自击穿电压随相对密度的变化曲线（图 2.10），曲线在 1～3atm（1 atm=101.325kPa）范围内近似为线性，且覆盖了所需的电压调节范围 0～60kV。图 2.10 中还给出了实验测量的间隙自击穿电压随气压的变化，曲线近似线性，对测量结果进行线性拟合得到间隙的自击穿工作曲线解析式为 $V_b = 18.783p + 1.625\,2$，其中 p 为间隙气压，单位 atm；V_b 为自击穿电压，单位 kV。自击穿电压的实测值小于经验公式给出的数值，表明间隙电场并不是理想的均匀场,电场畸变来自电极形状(并不是理想 Rogowski 曲面)和通光孔。激光触发时调节间隙气压使得目标电压为 90% 自击穿电压,后续实验结果表明,使用 90% 欠压比可以基本避免加压时的自击穿,并且使激光入射后开关的击穿时延维持在较低水平。

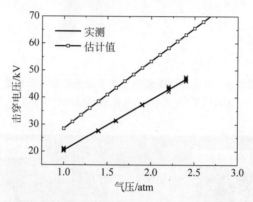

图 2.10　间隙自击穿电压的估计值和实测值

2.1.3　触发激光器

采用 YAG 固体脉冲激光器作为开关的触发激光器(532nm),需提供氙灯和调 Q 两个 TTL 信号,其中氙灯触发信号控制激光器氙灯加热,谐振腔开始泵浦;调 Q 信号通过触发电路控制电光晶体,完成出光。所使用的 Nima-400 型激光器要求氙灯和调 Q 信号间隔的时间为 $189\mu s$,采用 Stanford DG535 控制该时序。利用光电二极管(PIN 探头)测量光脉冲获取出光时刻,由于调 Q 信号与激光器出光存在固有时延,需预先测量此固

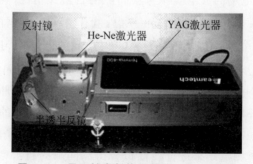

图 2.11　用于触发气体开关的 Nima-400 型
YAG 固体激光器

有时延为后续同步控制提供参考。使用激光能量 870V（Nima-400 型激光器使用电压值表示输出激光脉冲的能量大小，870V 对应能量约为 50mJ）进行固有时延测量，测量 250 次，平均时延 486ns，最小时延 482ns，最大时延 489ns，时延标准差（抖动）1.3ns，激光脉冲半高宽（FWHM）约为 10ns。

2.2　放电腔

　　放电腔为丝爆提供必要的真空环境，并安装有电压和电流探头，以及光学诊断所必需的窗口等。主体采用同轴型设计，如图 2.12 所示。高压电缆从上端接入，上端空腔中注入变压器油以提高电缆沿面绝缘强度；真空部分采用机械泵与分子泵配合抽气，可达到 1×10^{-4}Pa 真空度，如进行低气压丝爆，通过质量流量计可实现气压控制；负载腔内部安置有测量电压的 V-dot 探头以及测量电流的 Rogowski 线圈和分流器。

电缆接入
V-dot 探头
金属线
Rogowski 线圈
激光窗口
分流器

图 2.12　负载腔的结构

2.2.1　电容分压器和 Rogowski 线圈

　　测量电压的电容分压器[101,102]的原理如图 2.13(a) 所示，其中 R_0 为脉冲功率装置的输出电阻，例如可以是一根具有一定波阻抗的传输线；R_L 代表负载阻抗，例如被高功率脉冲作用的试品阻抗；C_1 为测量电极与高压导体之间的结构电容，称为高压臂电容；C_2 为测量电极与地电位导体之间的电容，称为低压臂电容；R 为外加电阻或引出信号的线路波阻抗等。测量电流的 Rogowski 线圈原理如图 2.13(b) 所示[103]，其中被测大电流回路电感为 L_1，测量线圈自感为 L_c，与被测电流回路具有互感 M，R 为线圈的绕线电阻和输出端外接信号电阻。之所以将电容分压器与 Rogowski 线圈或者说电流互感器放在一起进行讨论，是因为二者在很多方面具有极大的相似性，通过下面的分析可以看到二者几乎是完全对偶的。

　　从电磁场的角度分析二者的测量机理。①电容分压器。测量电极置于被测高压导体产生的电场中，具有某确定的电势。当被测高压导体的电势发生变化时，表面的感应电荷量必须做出相应的改变。这一电荷量的变化

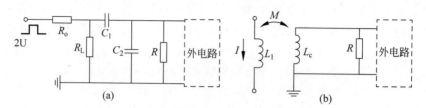

图 2.13　电容分压器和 Rogowski 线圈的电路原理图

（a）电容分压器的电路原理图；（b）Rogowski 线圈的电路原理图

就产生了电流，忽略测量电极表面电荷电场对被测高压导体电势的影响，电荷量的时间变化率 dq/dt 与被测导体电势的时间变化率 du/dt 成正比，因此得到了原始的测量信号——电流，且该电流正比于被测电压的时间微分。

②Rogowski 线圈。测量线圈置于被测电流产生的磁场中，并交联一定的磁通。被测电流的变化将引起磁场的相应变化，并按照电磁感应的规律在测量线圈中产生相应的感应电动势。忽略测量线圈电流磁场对被测电流影响的情况下，测量线圈内感应电动势 E_c 与被测电流的时间变化率 di/dt 成正比，因此得到了原始的测量信号——感应电动势，且该电动势正比于被测电流的时间微分。以上分析表明电容分压器和 Rogowski 线圈的相似性源于电场和磁场的对偶特性，而且二者的测量信号都反映了被测物理量的时间微分，若希望得到与被测量成正比的信号需要进行积分。

　　从测量电路的角度，两种装置分别采用静电感应（对应高压臂电容）和电磁感应（对应回路间互感）获取被测量信号的时间微分：du/dt 和 di/dt。将之前的电路进行简化，如图 2.14 所示。显然，这两个电路也有着完全对偶的形式，分别对图 2.14(a) 和图 2.14(b) 可以写出电容分压器 KCL（式（2.1））和 Rogowski 线圈 KVL 方程（2.2）：

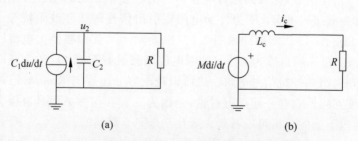

图 2.14　电容分压器和 Rogowski 线圈的简化电路图

（a）电容分压器简化电路图；（b）Rogowski 线圈简化电路图

$$C_1 \frac{\mathrm{d}u}{\mathrm{d}t} = C_2 \frac{\mathrm{d}u_2}{\mathrm{d}t} + \frac{u_2}{R} \qquad (2.1)$$

$$M \frac{\mathrm{d}i}{\mathrm{d}t} = L_c \frac{\mathrm{d}i_c}{\mathrm{d}t} + R i_c \qquad (2.2)$$

这两个方程是完全对偶的,只需对一个方程中的电压与电流、电容与电感、电阻与电导进行替换即可得到另一个方程。方程的左边代表被测电压或电流的微分,方程的右边包括测量电路输出信号的时间微分和一次项,若方程右边两项大小相当,则得到的输出信号将同时包含被测量的时间微分和一次项信息,这不利于直观的反映被测量,因此应设法使右边两项的大小相差很大,以至于可以忽略其中之一,那么得到的输出信号就近似地只包括被测量的微分或其一次项,可以大大减小信号处理的难度。对于电容分压器,若满足低压臂电容中电流远大于电阻支路电流,即两支路阻抗满足关系 $1/\omega C_2 \ll R$(式中 ω 代表被测信号中包含的频率成分),则输出电压与被测电压成正比,这时称之为自积分式电容分压器;反之输出电压与被测电压的微分成正比,称为 V-dot 式。同样对于 Rogowski 线圈,满足关系 $\omega L_c \gg R$ 时输出电流与被测电流成正比,反之则输出电流正比于被测电流的微分,仿照电容分压器可以分别称之为自积分式和 I-dot 式。

由于金属丝电爆炸过程为短时间内的快过程(能量阶段在电流的前 20ns 完成),在 PPG-3 中采用了 V-dot 和 I-dot(单匝线圈)式的电压电流测量探头,先测量电压电流的微分信号,然后采用软件进行去噪和积分。一方面 dot 式探头结构较为简洁,无需使用电阻、电容等集总参数元器件,可以较容易地控制探头的杂散电感和电容参数,从而获得更高的测量带宽以满足快速丝爆过程的测量需求;另一方面对应于丝爆实验所关心的有效时间较短的特点,对测量的微分信号进行软件积分时并不会由于误差的累积而产生较大偏差。

图 2.15 给出了 V-dot 探头和 Rogowski 线圈的实物图。要得到与被测信号成正比的测量信号,还需外接积分电路或采用数值积分的方式,本书采用数值积分的方式进行还原,具体结果将在后文给出。对于 I-dot 式 Rogowski 线圈,如前文所述需满足关系式 $\omega L_c \ll R_c + Z_{cable}$,因此要求线圈的自感 L_c 足够小,一般采用单匝线圈。本书使用 I-dot 线圈与分流器共同测量电流,具体测量结果也将在后文中给出。

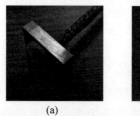 

(a)　　　　　　　　　(b)

图 2.15   V-dot 式电容分压器(a)和 Rogowski 线圈(b)实物图

2.2.2   分流器

分流器是一个串接在被测电路中的低阻值电阻器,测量其电压降及波形可确定电流大小和电流波形[103,104]。如图 2.16 所示为分流器等效电路,其中 L 和 C 分别为分流器本身的杂散电感、杂散电容,可见分流器正常工作的前提条件是杂散电感的阻抗远小于电阻值而杂散电容的阻抗远大于电阻值。由于分流器电阻值一般较小(毫欧量级),测量高频电流时必须尽可能减小杂散电感(高频下电感阻抗可能增大到与电阻可比)。可采用回流结构以减小电流线所包围的面积,从而减小杂散电感,另一方面包围面积的减小有利于减小分流器与电路中其他载流导体之间的互感,因此也有利于减小大电流造成的电磁干扰。应该指出的是图 2.16 中的杂散电容主要是指回流结构中电流方向相反的两个导体之间的电容。

同轴型分流器的基本结构如图 2.17 所示,被测电流由上导体板流入,通过内层导体到达下导体板,然后通过外层导体流出。设计时需要确定的关键参数包括内层导体内半径 r_0,内层导体厚度 $d_1 = r_1 - r_0$,绝缘层厚度 $l = r_2 - r_1$,外层导体厚度 $d_2 = r_3 - r_2$,分流器高度(圆柱高度)h,以及内外层导体的电阻率 ρ。

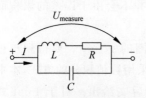 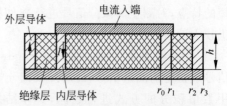

图 2.16   分流器等效电路　　　图 2.17   同轴式分流器的基本结构示意图

首先给出图 2.17 所示的分流器电阻、电感和电容值的计算公式,在满足趋肤深度大于金属薄膜厚度($\Delta > d$),且金属薄膜厚度和绝缘层厚度远小

于分流器内半径 r_0 的条件下 $(d \ll r_0, l \ll r_0)$，内外层导体薄膜的总电阻值可表示为

$$R \approx \frac{2\rho h}{2\pi r_0 d} = \frac{\rho h}{\pi r_0 d} \qquad (2.3)$$

选定金属薄膜材料及厚度后需校验趋肤深度与薄膜厚度是否满足 $\Delta > d$。

杂散电感可大致分为三个部分，第一部分为内层导体圆筒的内自感；第二部分为内外层导体之间的磁链所对应的外自感；第三部分为外层导体圆筒的内自感。这里忽略漏磁部分的自感，从磁场能量的角度，即认为该回流结构的磁场能量集中于内层导体、内外导体之间的空间以及外层导体之中，忽略空间中其他位置的磁场能量，由此得到三部分自感的计算公式，总自感为三部分自感之和：

$$\begin{cases} L_1 = \dfrac{\mu_0 h}{2\pi(r_1^2 - r_0^2)^2}\left[\dfrac{1}{4}(r_1^4 - r_0^4) - r_0^2(r_1^2 - r_0^2) + r_0^4 \ln\dfrac{r_1}{r_0}\right] \\[2mm] L_2 = \dfrac{\mu_0 h}{2\pi}\ln\dfrac{r_2}{r_1} \\[2mm] L_3 = \dfrac{\mu_0 h}{2\pi(r_3^2 - r_2^2)^2}\left[\dfrac{1}{4}(r_3^4 - r_2^4) - r_3^2(r_3^2 - r_2^2) + r_3^4 \ln\dfrac{r_3}{r_2}\right] \\[2mm] L = L_1 + L_2 + L_3 \end{cases} \qquad (2.4)$$

杂散电容的大小按照同轴圆筒的电容公式进行估算，同样忽略边缘效应：

$$C = \frac{2\pi\varepsilon_0\varepsilon_r h}{\ln(r_2/r_1)} \qquad (2.5)$$

本书所采用的分流器参数为内外层导体均采用 $d_1 = 5\mu m$ 厚度的镍铬合金薄膜，薄膜电阻率为 $\rho = 108\mu\Omega \cdot cm$；中间绝缘层采用双层 $l = 4\mu m$ 厚度聚醚酰亚胺（PEI）薄膜；分流器薄膜导电高度 $h = 5mm$；分流器半径 $r_0 = 30mm$。分流器结构如图 2.18 所示，图中标了三层薄膜安放的位置，装配时使中间的 PEI 绝缘层高度大于 20mm，从而防止电流入端导体板与接地环接触，保证电流流过三层薄膜形成的同轴型回流结构。将数据代入电阻、电感和电容公式得到 $R = 11.5m\Omega$，$L = 0.38pH$，$C = 2.4nF$。

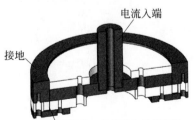

电流入端

接地

内层导体、绝缘导和外层导体

图 2.18　分流器的结构

对设计完成的分流器进行必要的校验。首先考察分流器的带宽,根据图 2.16 所示的电路图可得到分流器的阻抗为

$$Z = \left[\frac{1}{j\omega C}(R + j\omega L)\right] \Big/ \left(\frac{1}{j\omega C} + R + j\omega L\right)$$

$$= \frac{\sqrt{R^2 + \omega^2 L^2}}{\sqrt{\omega^4 L^2 C^2 + \omega^2 C^2 R^2 - 2\omega^2 LC + 1}} \angle \left(\arctan\frac{\omega L}{R} - \arctan\left(\frac{\omega CR}{1 - \omega^2 LC}\right)\right)$$

$$(2.6)$$

分别改写 Z 的幅值和辐角得到

$$\text{abs}(Z) = \sqrt{\frac{1}{\dfrac{C^2}{L^2}(\omega^2 L^2 + R^2) + \dfrac{2R^2 C + L}{L(\omega^2 L^2 + R^2)} - \dfrac{R^2 C^2 + 2LC}{L^2}}}$$

$$\text{angle}(Z) = -\arctan\left(\frac{\omega}{R}(\omega CR^2 + \omega^2 CL^2 - L)\right)$$

$$(2.7)$$

分流器的幅频特性和相频特性曲线如图 2.19 所示,其中幅频特性的纵轴为某频率对应的阻抗与电阻值之比,比值接近于 1 说明分流器接近于纯电阻。取 1GHz 频率对应的数据点,得到该频率下幅值误差为 4.3%,相角误差为 1.8°,显然这种参数的分流器带宽将大于 1GHz。实际中由于装配误差等问题带宽可能会略有减小,但对于被测电流而言还是足够的。

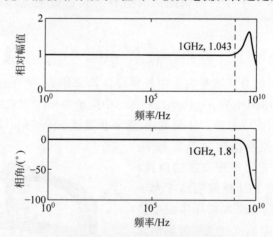

图 2.19　幅频特性和相频特性曲线

然后进行集肤效应的校验。使用的金属材料为镍镉合金,其中金属镍为铁磁性材料,其磁导率很大,但考虑到大电流通过时导体薄膜将瞬间达到磁

饱和,核算时仍取薄膜磁导率为真空磁导率 μ_0。集肤深度计算公式 $\Delta = \sqrt{2/(\omega\mu\gamma)}$,取频率为 1GHz 进行计算,得到 $\Delta = 16.5\mu m$,集肤深度大于导体薄膜的厚度,因此满足电流均匀性的假设条件。最后进行分流器温升的核算,装置采用脉冲电容器供电,总电容值为 10nF,最高充电电压为 60kV,则电容器储能为 $E = CU^2/2 = 18J$,分流器串接在电路中时回路总电阻为 $367m\Omega$,认为电容器储能最终按照电阻值正比的分配,则分流器上的焦耳热为 0.576J。取金属薄膜的密度为 $8.56g/cm^3$(Ni80Cr20),比热容为 460J/(kg·K),计算得到薄膜温升约为 14.4℃,结合电阻率温度系数 Ni0.0069、Cr0.003 可知该温升造成的电阻率变化不大于 10.1%。另外考虑到所关心的物理过程持续时间(小于 100ns,短路放电持续时间约 $10\mu s$)以及带试品实验过程中大部分能量将被试品电阻所消耗,分流器的电阻率变化将远小于 10.1% 这一数值,因此温升所造成的测量误差可忽略。图 2.20 给出了组装完成的分流器和分流器安装在负载腔中的照片。对分流器的标定结果将在后文中给出。

(a)　　　　　　　　　　　　　　(b)

图 2.20　组装完成的分流器(a)和分流器安装在负载腔中的照片(b)

2.2.3　电测量系统的标定和自洽

本节给出 V-dot 电容分压器、单匝线圈、分流器的标定结果以及短路实验中三者测量信号的对应关系。所有电信号均通过一台 2.5GHz 带宽、10GSa/s 采样率的四通道示波器采集,示波器通道设置为高阻,信号电缆通过适当衰减倍数的 3GHz、50Ω 同轴衰减器接到相应通道。衰减器衰减倍数分别为:分流器 20dB,V-dot 探头 30dB,单匝线圈 20dB。衰减器末端直接接到示波器相应通道上而不加匹配,这样计算衰减倍数时要在原来的基础上减半(即衰减后的输出电压是加匹配时的两倍)。例如 XdB 衰减器直接接到高阻的通道上,则衰减倍数为: $k = 0.5 \times 10^{A/20}$。

图 2.21 为负载腔内部结构,标号 X 处为放置负载金属丝的位置,位于

上下两个直径 10mm 的穿丝块之间。开路实验中 X 处为开路,标准高压探头测量上方穿丝块上的电压;短路实验中 X 处放置直径 10mm 的短路棒。

　　V-dot 探头的标定采用开路实验,使用标准高压探头和 V-dot 电容分压器同时测量开路电压,将 V-dot 信号进行积分后与标准探头信号进行比对,从而获得 V-dot 探头的分压比。图 2.22 给出了开路实验中标准探头测得的开路电压、V-dot 探头测得的电压微分信号以及微分信号数值积分的波形,数值积分的结果与标准探头测量结果符合得很好,证明了 V-dot 探头的有效性。记 V-dot 探头的分压系数为 k_1,有:

$$V_{st} = k_1 \int \text{sig(vdot)} \, dt \tag{2.8}$$

其中,V_{st} 表示标准电压探头的测量结果,sig(vdot)表示 V-dot 探头信号(单位 V),可得分压系数 $k_1 \approx 2.5 \times 10^{12} \, \text{s}^{-1}$。另外,利用脉冲形成线和快速闭合的继电器开关产生了约 4ns 上升沿方波电压波形以检验探头的高频性能[105],实验结果表明所制作的 V-dot 探头对这种波形响应良好。

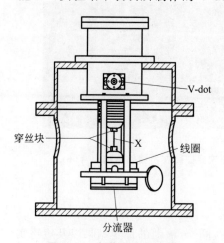

图 2.21　负载腔内部结构

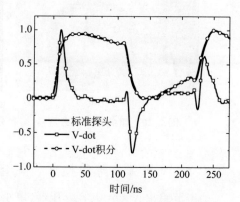

图 2.22　V-dot 电容分压器的标定

　　分流器的标定采用短路实验,使用标准 Rogowski 线圈和分流器同时测量短路电流,并对比二者测量结果得到分流器测量的比例系数。使用一个灵敏度为 0.01V/A 的 PEARSON 线圈作为标准线圈,得到测量结果如图 2.23 所示。记分流器的分流系数为 k_2,有:

$$I_{st} = k_2 \text{sig(shunt)} \tag{2.9}$$

其中,I_{st} 为标准线圈测得的短路电流,sig(shunt)为分流器信号(单位 V),

可得分流器对应的系数 $k_2 \approx 0.37\mathrm{kA/V}$。这是经过 20dB 衰减器后的结果，按照前述的衰减倍数可知信号衰减了 4/5，那么分流器的实际灵敏度为 $13.5\mathrm{V/kA}$；而分流器电阻的估计值为 $11.5\mathrm{m\Omega}$，对应的灵敏度为 $11.5\mathrm{V/kA}$，考虑到接触电阻等因素，实际灵敏度略大于理论值是可以接受的。

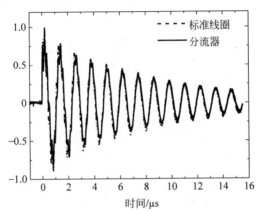

图 2.23　标准线圈与分流器测量的短路电流波形

　　进一步通过短路实验检验 V-dot 探头、单匝线圈和分流器测量结果的对应关系。忽略短路时负载腔的电阻，则此时整个负载腔近似为纯感性负载，负载腔电压与电流满足关系：

$$V = L\,\frac{\mathrm{d}I}{\mathrm{d}t} \tag{2.10}$$

其中，L 表示负载腔电感（穿丝处放置短路棒时的电感），将式中的电压电流用 V-dot 探头、Rogowski 线圈以及分流器的测量信号代替，可得到测量信号应满足的关系为

$$k_3 L\,\mathrm{sig(idot)} = k_2 L\,\frac{\mathrm{d(sig(shunt))}}{\mathrm{d}t} = k_1 \int \mathrm{sig(vdot)}\,\mathrm{d}t \tag{2.11}$$

其中，$\mathrm{sig(idot)}$ 为单匝线圈信号（单位 V）。图 2.24 给出了短路实验中的原始信号波形，分别为电流、电压微分和电流微分信号。按照上式对原始信号进行相应的微分或积分处理并进行对比。首先对比单匝线圈与分流器信号的微分，如图 2.25(a) 所示，二者符合得很好，同时可以得到比例系数 $k_3 \approx 7.78 \times 10^{10}\ \mathrm{H^{-1}}$。图 2.25(b) 给出了 V-dot 信号的积分与单匝线圈信号的对比，在所关心的时间范围 0～100ns 内二者符合得很好；随后偏差逐渐增大，这是由于对 V-dot 信号进行数值积分时误差不断累积所致。通过这一对应关系可得到负载腔电感 $L \approx 50\mathrm{nH}$。

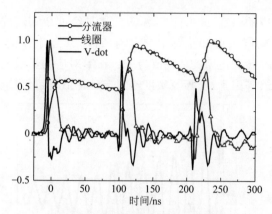

图 2.24　短路实验的原始信号波形

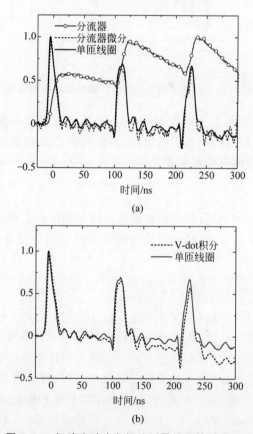

(a)

(b)

图 2.25　短路实验中各探头测量结果的对应关系

（a）分流器信号的微分与微分式 Rogowski 线圈信号的对应关系；

（b）V-dot 电容分压器信号的积分与微分式 Rogowski 线圈信号的对应关系

至此完成了对各探头的标定并通过短路实验验证了电测量系统的有效性。

2.3　光学诊断系统

2.3.1　马赫增德尔(M-Z)干涉和激光阴影成像

PPG-3 上使用的激光诊断包括 M-Z 干涉和阴影成像[71,106,107]，二者使用同一光路，如图 2.26 所示。激光扩束后通过分光镜分为物光和参考光两束，其中物光通过被诊断的等离子体区域；两束参考光经过中性滤片衰减，然后经凸透镜成像于单反相机的 CCD 上。调节光路时须保证 CCD 成像平面与目标所在平面为成像透镜的一对共轭平面，以尽可能消除金属丝造成的激光衍射效应。由于相机的 CCD 平面一般较小(以所使用的 Nikon D3300 为例，感光区尺寸大致为 $20mm \times 15mm$)，应选择合适的凸透镜焦距以及位置，保证被观测目标的像可以完全投影在感光范围内，如此即可获得 M-Z 干涉照片。另外只需将该光路中的参考光遮住即可获得阴影照片，无须对光路做任何调整。使用 f150 凸透镜，滤片透过率为 100×10^{-6}，图 2.27 所示为拍摄得到的干涉和阴影照片。

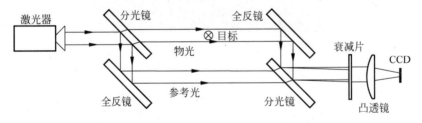

图 2.26　激光 M-Z 干涉和阴影成像的光路图

诊断用的激光器是一台 YAG 固体脉冲激光器，如图 2.28 所示，波长 532nm，脉冲半高宽 5ns，能量 50mJ。与气体开关触发所使用的激光器类似，需要提供氙灯触发信号和调 Q 信号，要求二者之间时间间隔 $340\mu s$，同样使用 DG535 进行控制。同样需测量调 Q 信号与激光器出光之间的时间间隔，以为同步控制提供参考，250 次统计结果为：平均值 872ns，最小值 871ns，最大值 874ns，抖动 566ps。

物光经过丝爆等离子体，等离子体中的原子和电子会使物光增加一个附加光程，从而使干涉条纹在水平背景条纹(图 2.27(a))的基础上发生偏

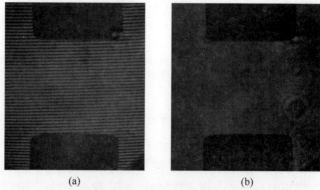

(a)   (b)

图 2.27　电极间放置 10μm 直径金属丝时的干涉和阴影照片

(a) 带有背景条纹的干涉照片；(b) 阴影照片

图 2.28　诊断用 YAG 固体脉冲激光器

折。但原子密度和电子密度对附加光程的贡献是相反的，即二者在干涉照片上造成的条纹位移方向相反，因此干涉仪调整完毕后需要确定中性原子(或电子)所造成的条纹偏折方向。这里使用放置于载玻片上的小水滴测试中性密度对条纹偏折的影响，注意测试时应将试品放置于实际实验时目标等离子体所在的位置。拍摄的结果如图 2.29 所示，水滴边缘处的条纹向上偏折，可知对于本研究的干涉仪，中性原子将造成向上的条纹偏折(重新调整干涉仪后偏折方向可能发生改变，由于后文中几乎没有出现电子方向的

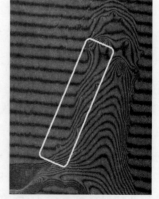

图 2.29　放置于载玻片上小水滴的干涉照片

干涉条纹,如不做特殊说明,干涉条纹偏折方向均为中性原子方向)。

2.3.2　光学诊断与放电的时序控制

为了利用脉冲激光获取丝爆过程中某一时刻(实际上是激光脉宽时间内的积分结果)的物理图像,需要对光学诊断系统和主电路放电进行同步控制。以电流脉冲到达负载金属丝作为时间零点,时序控制的目标为:诊断激光在电流脉冲开始后某个时刻 t_x 发出,从而可以获得丝爆过程 t_x 时刻的图像。在确定控制方案之前需要先明确该过程中的关键控制信号以及关键事件的时间间隔。

需要进行控制的信号共有四个,分别为:

a. 用于主开关触发的激光器 2 的氙灯信号,记为氙灯 2;

b. 用于主开关触发的激光器 2 的调 Q 信号,记为调 Q2;

c. 用于诊断的激光器 1 的氙灯信号,记为氙灯 1;

d. 用于诊断的激光器 1 的调 Q 信号,记为调 Q1。

一些已知的时间间隔:

a. 氙灯 2 与调 Q2 间隔 189μs;

b. 调 Q2 与激光器 2 的出光时刻间隔 486ns,记激光器 2 的出光时刻为开关触发;

c. 开关触发与丝爆电流起始时刻间隔 50ns;

d. 氙灯 1 与调 Q1 间隔 340μs;

e. 调 Q1 与激光器 1 出光间隔 872ns。

根据上述各关键事件与时间间隔绘制了如图 2.30 所示的时序控制示意图,以调 Q2(用于主开关触发的激光器 2 的调 Q 信号)发出时刻为零点建立时间轴,依次标出了各关键事件所发生的时刻。

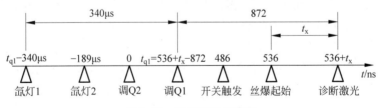

图 2.30　时序控制示意图

从图中可得到目标时间间隔为 t_x 时,DG535 各信号的延时设置应为(将氙灯 1 对应时刻平移至 0):

氙灯 1：延时 0；

调 Q1：延时 340 000ns；

氙灯 2：延时 $340\,000-189\,000-t_{q1}=(151\,336-t_x)$ns；

调 Q2：延时 $340\,000-t_{q1}=(340\,336-t_x)$ns。

测量时所使用的信号电缆（将信号传送到示波器）长度均相同，不需考虑信号电缆造成的延时对时序控制的影响。图 2.31 为拍照时刻 1μs 时的丝爆电流信号和诊断激光信号。

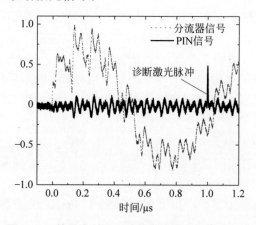

图 2.31　拍照定时 1μs 时的电流信号和激光信号

2.3.3　丝爆自辐射的测量

使用光电二极管（PIN）测量丝爆过程中的自辐射，实验中使用的探测器型号为 Thorlabs DET10A，其响应的上升时间为 1ns，可测量的波长范围为 200～1000nm，适合于测量电弧光的光强随时间变化波形。由于探测器的感光面积较小（0.8mm²），需要使用凸透镜将金属丝成一缩小的像至 PIN 的感光平面上，从而检测整根金属丝上的电弧光情况。图 2.32 给出了典型的电弧光信号波形。

将爆炸丝不同位置的辐射光通过光纤阵列引出，并连接到相应的 PIN 探测器上，即可获得不同位置的自辐射波形，从而实现具有高时间分辨率和一定空间分辨率的自辐射测量，借此可以研究沿面放电的弧光发展过程。为此，本研究设计了光纤阵列探头，其原理如图 2.33 所示。通过凸透镜对爆炸丝成像，在像平面上放置光纤阵列（N 条光纤直线排列，编号 1～N），则金属丝某一段所发出的光将进入相应位置的光纤中，光纤另一端耦合

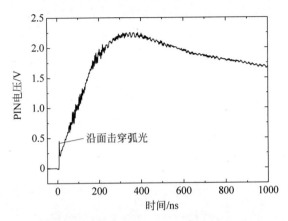

图 2.32　单丝电爆炸典型辐射波形

PIN 探测器,将多路测量波形导入示波器中。光纤中部通过光纤接头连接,实验前将光纤从此处断开,利用外部校准激光(红光激光笔)对成像系统进行校准。如使用光纤中最外侧的两根光纤作为基准,当校准光入射时,由于光路的可逆性,将在凸透镜左侧成像得到两个光斑,若调节光纤阵列端面的位置和角度,使上下两个光斑都落在被测试的金属丝上,那么可保证光纤阵列中的每一条光纤都对应于金属丝上的某一段。

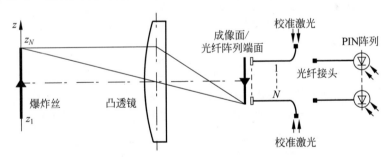

图 2.33　光纤阵列自辐射波形测量示意图

　　更进一步,以金属丝为基准建立坐标系,如图 2.33,假设位于两侧的 1 号和 N 号光纤成像于金属丝上的位置(光斑中心点位置)分别为 z_1 和 z_N,那么编号为 i 的光纤对应于金属丝上的坐标为

$$z_i = z_1 + \frac{(i-1)(z_N - z_1)}{N-1}$$

若光斑半径为 r,则可知坐标为 $(z_i - r) \sim (z_i + r)$ 的一段金属丝所辐

射的光将通过透镜进入编号为 i 的光纤。图 2.34 所示为光纤阵列探头的照片和使用阵列上下两端光纤进行校准的照片。探头采用 10 根芯径 0.1mm 的石英光纤紧密直线排列,利用调整架调节其整体前后位置和角度,凸透镜与负载腔的相对位置固定,负载腔内壁经过发黑处理以避免反射光对测量的影响。每次放电之前需要调节探头使至少两束校准激光光斑落在金属丝上,并且使得光斑照亮的金属丝长度接近,由于凸透镜与金属丝的相对位置变化不大,更换负载丝后一般通过调节调整架上的三个旋钮即可完成这一校准。

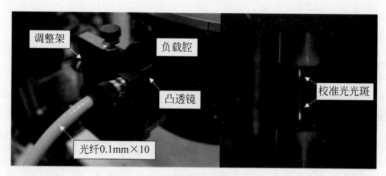

图 2.34　光纤阵列探头的实物图以及使用两侧光纤进行校准的照片

2.4　小结

　　本章研制了用于单丝电爆炸实验的小型脉冲功率实验平台 PPG-3,其脉冲电源参数为:开路输出电压 0~120kV,短路输出电流 0~2kA,电流上升时间约 20ns,输出电阻为 50Ω。在本章中分别介绍了该实验平台的各组成部分:脉冲电源、负载腔、电学测量系统以及光学测量系统。

第3章　单丝电爆炸的实验研究

本章给出 PPG-3 上的部分单丝电爆炸实验结果。由于丝爆过程中金属丝芯的沉积能量是衡量丝爆效果的主要指标,本章先给出沉积能量的计算方法,并在此基础上重点研究真空环境中不同丝爆条件对金属丝沉积能量的影响。主要涉及的影响因素包括负载金属丝尺寸(直径和长度)、驱动电流上升率和极性、电极结构以及绝缘镀层等。

3.1　沉积能量的计算

按照第 1 章的描述,金属丝电爆炸一般经历三个阶段:焦耳加热阶段、沿面击穿阶段和芯晕结构阶段。沉积能量的计算主要包含前两个阶段,第三阶段芯晕结构阶段由于电流几乎全部流过晕层等离子体,金属丝芯的焦耳加热可以忽略。第一阶段的沉积能量计算较为简单,只需将金属丝上的阻性功率对时间积分;第二阶段涉及沿面击穿的起始和发展过程,只有部分电流流过金属丝芯,因此并不能通过简单的功率积分计算其能量,需要进行必要的近似处理。

对整个负载腔部分列写回路方程,记负载腔电感为 $L(t)$,电阻为金属丝负载等效电阻 $r(t)$(忽略负载腔金属连接件的电阻以及接触电阻),负载腔电压和电流分别为 $v(t)$、$i(t)$。则负载腔总电压满足方程:

$$v = ri + \frac{\mathrm{d}(Li)}{\mathrm{d}t} \tag{3.1}$$

将负载腔电感分为金属丝电感(L_{wire})和电极电感(L_{rest})两部分。由于丝爆过程中金属丝直径的变化,因此 L_{wire} 是随时间变化的,而 L_{rest} 可认为是恒定的。将负载腔中的负载段简化为同轴回流结构,则可知该处每厘米长度(以下无特殊说明长度单位均为 cm)的电感为

$$L_0 = 2\ln\frac{D}{d} \tag{3.2}$$

其中，D 为回流直径，这里取为回流柱所在的圆直径 90mm；d 为内导体直径。根据第 2 章中短路实验的结果，金属丝部分用直径 10mm 短路棒替代时得到负载腔电感为 50nH。也就是说，若负载段原本接有长度为 l_{wire}，直径为 d_{wire} 的金属丝，将该金属丝替换为相同长度，10mm 直径的短路棒时负载腔电感为 50nH。由此即可得到负载为金属丝情况下的电感：

$$L = 50 - 2l_{wire}\ln\frac{90}{10} + 2l_{wire}\ln\frac{90}{d_{wire}}$$
$$= 50 - 4.4l_{wire} + 2l_{wire}\ln\frac{90}{d_{wire}} \tag{3.3}$$

按照前述的负载腔电感的划分方式，可分别得到 L_{wire} 和 L_{rest} 的表达式：

$$L_{rest} = 50 - 4.4l_{wire}, \quad L_{wire} = 2l_{wire}\ln\frac{90}{d_{wire}} \tag{3.4}$$

为得到完整的电感表达式，尚须确定金属丝电感 L_{wire}，由于时变的金属丝直径 d_{wire} 难以确定，这里采用近似的分段模型[58]。焦耳加热阶段认为 L_{wire} 保持不变（金属丝的膨胀起始于沿面击穿）；沿面击穿阶段 L_{wire} 线性减小至零（等离子体膨胀到回流柱位置），并在之后的芯晕结构阶段保持零值。金属丝的初始电感为

$$L_{wire0} = 2l_{wire}\ln\frac{90}{d_{wire0}} \tag{3.5}$$

负载腔的初始电感为

$$L_0 = 50 - 4.4l_{wire} + L_{wire0} \tag{3.6}$$

沿面击穿起始到结束负载腔电感为

$$L(t) = L_0 - \frac{L_{wire0}(t - t_1)}{t_2 - t_1} \tag{3.7}$$

其中，t_1、t_2 分别为沿面击穿的起始和结束时刻，可通过电信号波形确定，如图 3.1(a)所示。综上所述，负载腔电感按时间分段的计算公式为

$$L(t) = \begin{cases} 50 - 4.4l_{wire} + L_{wire0}, & t < t_1 \\ 52 - 4.4l_{wire} + \dfrac{L_{wire0}(t_2 - t)}{t_2 - t_1}, & t_1 \leqslant t \leqslant t_2 \\ 52 - 4.4l_{wire}, & t > t_2 \end{cases} \tag{3.8}$$

再次考察公式(3.1)，其中电压、电流可通过测量信号获得，电感模型也

已经建立,因此可得到负载的等效电阻随时间的变化:

$$r = \left(v - i\ \frac{\mathrm{d}L}{\mathrm{d}t} - L\ \frac{\mathrm{d}i}{\mathrm{d}t}\right)\Big/i \tag{3.9}$$

以电流起点为时间零点,截止到 t 时刻负载上获得的焦耳热为

$$E(t) = \int_0^t ri^2\,\mathrm{d}t \tag{3.10}$$

如前所述,沿面击穿阶段负载上焦耳热只有一部分沉积到了高密度丝芯中,因此需要确定积分上限以期较为合理地衡量丝爆过程丝芯的能量沉积情况。一种惯例的选取方法为[58]:积分上限 T_s 时刻负载等效电阻从最大值减小为最大值的一半,如图 3.1(b)所示。另外,电阻峰值时刻所对应的沉积能量也有一定的参考价值。实际中常使用比能量(平均能量),即将总沉积能量折算为每个原子获得的能量,根据上述总能量计算方法,丝爆过程中丝芯获得的最大比能量为

$$E_{sm} = \frac{\displaystyle\int_0^{T_s} ri^2\,\mathrm{d}t}{N} \tag{3.11}$$

$$N = \frac{\pi}{4}\ \frac{d^2 l\rho N_A}{M} \tag{3.12}$$

其中,N 为原子总数,d 为金属丝直径,l 为金属丝长度,ρ 为材料密度,M 为摩尔质量,N_A 为阿伏加德罗常数。

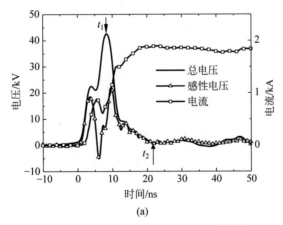

图 3.1　真空中长度 1cm、直径 18μm 钨丝电爆炸的典型波形

(a)电压和电流波形;(b)电阻和比能量波形

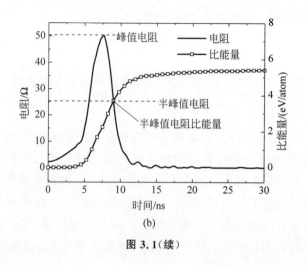

图 3.1（续）

3.2　不同条件下单丝电爆炸实验结果与分析

　　如第 1 章中所述,决定单丝电爆炸比能量的关键阶段是沿面击穿阶段,因此各种因素对丝爆效果的影响大都可以归结到其对于沿面击穿过程的影响上。本节给出不同条件下单丝电爆炸的实验结果,以比能量作为主要的衡量丝爆效果的指标,并分析各种条件对沿面击穿过程的影响方式。

　　实验使用的金属丝主要为钨丝,直径 $10 \sim 25\mu m$,为同一批次购买自 Goodfellow 公司,一些基本的参数如下:纯度为 99.95%;直径偏差为 $\pm 10\%$,室温下电阻率为 $5.4\mu\Omega \cdot cm$。另外在此给出金属钨的一些其他参数[108]:常温密度为 $19.3g/cm^3$,相对原子质量为 183.84,原子化焓(表示金属钨由常温状态加热至完全汽化所需的比能量)为 8.8eV/atom。

3.2.1　样品预处理和爆炸丝长度的确定

　　实验前对钨丝进行清洗处理,使用丙酮和乙醇依次清洁。实验结果表明清洁后的钨丝在多次实验中各参数的一致性较好,多次重复实验比能量的标准差低于未清洁的样品。用手触碰后的钨丝在实验中常常会得到较大的比能量,与清洁后的钨丝的差异可达到 50% 以上,且实验结果的分散性大大增加。因此,猜测这种接触造成的比能量增大可能与皮肤上油性物质覆盖钨丝表面有关。因此,在研究比能量与各影响因素的统计规律时一律使用清洁过的钨丝,并避免装丝过程中对金属丝"有效段"(位于两穿丝块之间的部分)的接触。

　　实验中曾尝试对钨丝进行直流预加热处理,即对真空负载腔中的钨丝采用合适的直流电流进行加热(类似于白炽灯),希望借此消除钨丝中吸附的气体,并使其中低沸点杂质汽化,从而减少沿面击穿发展所必需的气体介质,提高比能量。但实验结果表明预加热处理后丝爆的比能量反而降低了,猜测是由于预加热改变了钨丝表面性状(如气体解吸附或杂质沸腾时造成表面粗糙度增大,加剧了丝爆过程的电子发射),因此在之后的实验中一律不采用直流预加热处理。

　　进行比能量的计算时需要使用爆炸丝原子总数这一参数,因此需要确定参与丝爆的金属丝长度。实验中采用带斜孔的穿丝块以保证只有两穿丝块之间的部分参与丝爆,即有效长度为两穿丝块间距。穿丝块的结构如图 3.2 所示,实验表明这种方式是有效的:在电爆炸结束后仍可以在上穿丝块斜孔中找到残留的相应长度的金属丝;而下穿丝块斜孔中相应长度的金属丝则可以在腔体底部找到,仍与配重相连。穿丝块的间距可在实验前用确定厚度的规片调整,实验后还可通过阴影或干涉照片进行更精确的测量。

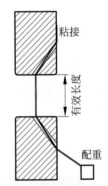

图 3.2　带斜孔的穿丝块穿丝示意图

3.2.2　不同丝直径下的电爆炸结果与分析

　　使用长度 1cm,直径 $10\sim25\mu m$ 的钨丝进行丝爆实验,并总结比能量与负载丝直径之间的统计规律。图 3.3 给出了不同极性下丝爆比能量与钨丝直径的关系,其中比能量的积分上限包括峰值电阻时刻和半峰值电阻时刻。从图中可明显看出比能量随负载丝直径的增大有先增后减的变化趋势,即存在能量沉积的最佳直径,而且这个最佳直径与驱动电流的极性无关,本实验中该最佳直径为 $12.5\mu m$;对应的半峰值电阻时刻比能量分别为正极性 6.5eV/atom 和负极性 3.9eV/atom。另外,正极性下钨丝的沉积能量普遍高于负极性。

　　进一步通过丝爆的物理图像验证这一统计规律。图 3.4 给出了正、负极性电流驱动下不同初始直径的爆炸丝阴影照片:其中 a~c 为负极性,d~f 为正极性;爆炸丝初始直径分别为 $10\mu m$、$12.5\mu m$ 和 $15\mu m$;阴影成像

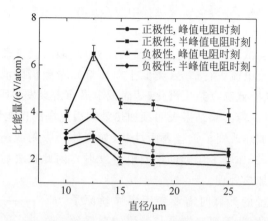

图 3.3　正负极性下丝爆比能量与负载丝直径的统计关系

的时刻均为约 500ns(丝爆电流起始时刻为时间零点)。对比同一行中的三幅相同极性下的阴影照片可知:初始直径 12.5μm 的爆炸丝在同一时刻具有最大的平均直径,即具有最大的膨胀速率和能量沉积。对比同一列中上下两幅照片可知:对于同一直径的钨丝,正极性电流驱动下能量沉积效果较好。因此,阴影照片所反映的信息与图 3.3 中的比能量计算结果是一致的。

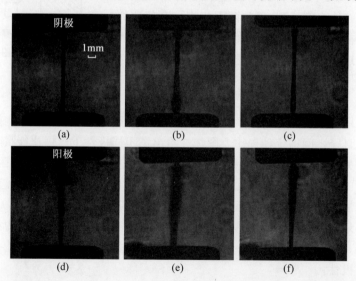

图 3.4　正负极性电流驱动下不同直径金属丝电爆炸的阴影照片(拍照时刻约 500ns)

(a) 10μm,503ns,负极性; (b) 12.5μm,497ns,负极性; (c) 15μm,495ns,负极性;
(d) 10μm,502ns,正极性; (e) 12.5μm,491ns,正极性; (f) 15μm,509ns,正极性

利用不同时刻的阴影照片可以估算金属丝的膨胀速率,图 3.5 给出了正极性下不同初始直径爆炸丝平均直径随时间的变化。图中横坐标表示拍照时刻(以电流起始时刻为零时刻),纵坐标表示阴影照片中金属丝沿轴向(长度方向)的平均直径。相同时刻具有较大平均直径的爆炸丝具有较高的沉积能量。爆炸丝某轴向位置直径的计算方法为:在该位置做水平线,并获得沿线灰度分布,对灰度曲线进行高斯拟合,取峰值灰度的 30% 作为金属丝边界计算直径,附录 A 中给出了较具体的计算流程。根据图 3.5 中数据的变化趋势可使用直线进行拟合,表明爆炸丝近于匀速膨胀且直线的斜率代表了相应的膨胀速率——斜率较大表明膨胀速率较高,相应的爆炸丝丝芯温度也较高,即沉积能量较高。图 3.5 中所反映出的沉积能量与直径的趋势关系与图 3.3 所示的计算结果相一致——$12.5\mu m$ 钨丝具有最高的丝芯膨胀速率,约为 $2.9km/s$,而膨胀速率最小的 $25\mu m$ 钨丝约为 $1.0km/s$。

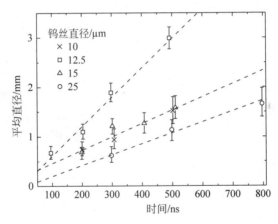

图 3.5 正极性下不同初始直径钨丝的平均直径随时间的变化

建立图 3.6 所示的坐标系,金属丝沿 z 方向放置,激光干涉诊断时,物光沿 y 方向入射(本书默认以此方式建立关于爆炸丝的直角坐标系)。由于沿面放电发生在金属丝表面附近,并考虑到高频电流的趋肤效应,因此对于图 3.6 所示的柱状爆炸丝等离子体可合理地假设其自由电子主要分布在爆炸丝外层,而内部则是中性原子组成的金属蒸汽或高密度丝芯。最终干涉照片上所呈现的条纹位移是沿 y 方向的积分结果,且同时包含电子与中性原子的作用。成像平面与激光方向垂直,即 x-z 平面,对于 x-z 平面上的某点 (x_0, z_0),其条纹位移量为[59]

$$\delta(x_0,z_0) = \frac{2\pi}{\lambda}\alpha(\lambda)\int_Y n_a(x_0,y,z_0)\mathrm{d}y - 4.49$$
$$\times 10^{-14}\lambda\int_Y n_e(x_0,y,z_0)\mathrm{d}y \tag{3.13}$$

其中,λ 为激光波长,这里为 532nm(5.32×10^{-5} cm);$\alpha(\lambda)$ 为金属原子的极化率,其数值与光的波长(频率)有关,对于 532nm 激光作用下的钨原子,此极化率[67]可取值为 15×10^{-24} cm³;n_a 和 n_e 分别为空间中某点的原子数密度和自由电子数密度(单位为 cm⁻³);离子所造成的条纹位移与原子和自由电子相比可以忽略。式(3.13)中前后两项分别对应中性原子和自由电子造成的条纹位移,二者积分号前系数的符号相反,表示二者对应的条纹偏移方向相反。式(3.13)中左侧的条纹位移量可从干涉照片读出,因此对于确定的激光波长,该式包含 n_a 和 n_e 两个未知量,要完成求解还须另一个关于 n_a 和 n_e 的方程,当电子和原子对条纹位移的贡献均不可忽略时,可使用双波长干涉法[109],即通过改变成像激光的波长构造另一个方程。若二者之一对条纹位移的贡献远大于另一项,如中性原子密度远大于电子密度(或反之),则可以直接通过式(3.13)估算中性原子(或电子)的密度。对于图 3.6 所示的双层结构,干涉照片上爆炸丝边缘处最容易观察到由自由电子引起的条纹偏折,而中心处由于激光穿过较厚的中性气体层,对应于电子方向的偏折将被削弱,甚至呈现原子方向偏折。

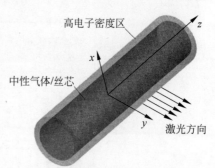

图 3.6　电爆炸芯晕结构阶段金属丝负载示意图

图 3.7 给出了 $10\mu m$,$12.5\mu m$,$15\mu m$ 三种直径的钨丝 300ns 时刻的 M-Z 干涉照片,干涉条纹在背景条纹基础上向下弯曲为原子方向。按照之前的分析,爆炸丝边界处应呈现电子方向的条纹位移,即向上的弯曲,而图中几乎看不到向上的条纹位移。文献[58]中电流通过晕层等离子体直接进入回流柱这一事实,可知此时金属丝周围有晕层等离子体存在,且晕层等离子体良好的导电性表明其具有很高的电离度,这表明晕层等离子体快速膨胀,电子密度已经低于干涉法所能有效检测的最低密度。

图 3.7 中条纹发生弯曲的范围反映了金属蒸汽的分布区域,而条纹弯曲的级数可反映该处的气体密度。图 3.7(b)中条纹发生弯曲的范围和弯

曲的级数均明显大于图 3.7(a)和图 3.7(c),这表明 12.5μm 钨丝具有较大的汽化率,且气体膨胀的速率较快。

另外注意到三张照片中整根金属丝范围内都出现了干涉条纹(有激光透过),这表明在 300ns 时已经不存在完整的致密金属丝芯,此时丝芯由气体(占总质量较小部分)和高密度颗粒(液态或固态)组成。丝芯中部干涉条纹出现的模糊现象可能是由其中小颗粒对激光的散射和衍射等作用造成。

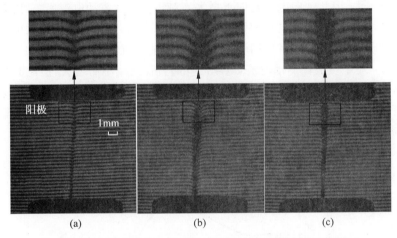

图 3.7　正极性下钨丝电爆炸的干涉照片(拍照时刻约为 300ns)
(a) 初始直径 10μm；(b) 初始直径 12.5μm；(c) 初始直径 15μm

由于本节只是借助干涉照片定性地印证统计规律,因此并未给出基于条纹位移的气体密度计算结果,相应的计算将在后文中给出。至此,电信号与光学诊断给出了一致的沉积能量随钨丝直径的变化趋势。

图 3.8 给出了初始直径 10μm,12.5μm 和 15μm 的钨丝等效电阻率与比能量之间的关系,这里通过电阻换算电阻率时忽略了金属丝受热造成的直径变化以及沿面击穿起始后爆炸丝的膨胀。图中还给出了同样条件下表面镀有 2μm 厚度聚酰亚胺且导体直径为 12.5μm 的钨丝电爆炸结果,其比能量明显大于裸丝。初始阶段电阻率随比能量的增大而增大,这对应了丝爆过程的阻性加热阶段;当电阻率达到 120~130μΩ·cm 时比能量达到约 2eV/atom,这时钨丝开始汽化,对于三种不镀膜的钨丝,电阻率从这个范围开始下降,这对应了沿面击穿的起始和发展;最终钨丝的等效电阻率减小到接近零,这时已经形成了高电导率的晕层等离子体。可见金属丝能量沉积的差异主要形成于沿面击穿阶段,12.5μm 直径的金属丝电阻下降的趋

势较缓慢,某些发次甚至出现电阻在下降沿被抬升的现象。

首先尝试从电场的角度解释图3.3中的统计规律。金属丝的沿面击穿是终止能量沉积的关键因素,而能影响沿面击穿且与丝直径相关的因素主要包括径向电场和轴向电场。径向电场对于驱动(或抑制)钨丝表面电子发射有重要作用,同样电压下直径越小则径向电场的幅值越大;而轴向电场是驱动沿面击穿电子崩发展的关键因素,金属丝越细则阻抗越大,其两端的压降就越大,因此轴向电场趋向于增大。对于正极性驱动电流而言,随着金属丝直径的减小,径向电场和轴向电场均有增大趋势,而正极性径向电场将抑制电子发射,因此二者作用相反,可能造成能量沉积随直径先增大后减小的趋势;对于负极性驱动电流,电场同样随直径的减小而增大,但此时径向电场促进表面电子发射,即径向电场和轴向电场二者共同促进沿面击穿的发展,从而阻碍金属丝的能量沉积。因此仅从电场的角度并不能完全解释正、负极性下金属丝能量沉积随直径所具有的相似的变化趋势。

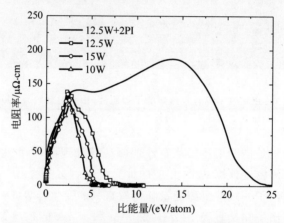

图3.8   不同直径钨丝等效电阻率与比能量的关系曲线

进一步考虑电源对金属丝的能量注入效率问题,由于沿面击穿的发生和发展需要一定时间(类似于击穿的时延),因此在这段时间内电源向金属丝中注入能量的速率将对最终金属丝的能量沉积量产生很大的影响,而这种注入速率由金属丝阻抗与电源参数的匹配程度决定,因此可以推测不同直径的金属丝将由于阻抗的不同而造成较大的沉积能量差异。由于丝爆过程金属丝电阻、电压以及电流的变化较复杂,难以给出解析的分析,因此借助数值计算考察这一过程中的能量积累情况。观察图3.8中电阻率与比能量的关系可知沿面击穿起始时刻爆炸丝电阻率均处于$120 \sim 130 \mu\Omega \cdot cm$范围,即钨丝汽化过程的起始阶段。在此之前钨丝电阻率与比能量有确定的对应关系[110],在此之后则由于沿面击穿的发展难以得到确定的模型。因此可以通过计算不同直径钨丝加热达到汽化点(等效电阻率 $120\mu\Omega\cdot cm$)时的平均注入功率,反映在这之后的能量注入速率。如此可不必关心击穿开始之后的电阻率变化情况,数值计算模型中这一段采用了同样条件下真空中镀膜钨丝的电阻率曲线,如图 3.8 中的曲线"12.5W+2PI",该曲线与文献[57]中的结果一致。

使用 SIMPLORER 进行电路仿真[89,91],计算汽化点(等效电阻率为 $120\mu\Omega\cdot cm$)时能量注入的平均功率 P_v,结果如图 3.9(a)所示。仿真结果表明不同直径钨丝达到汽化点电阻率时,电源对其注入能量的效率不同,且存在一个最佳直径,仿真得到的最佳直径约为 $13\mu m$,与实验结果相近。当改变电源的输出阻抗时,能量注入效率随之改变,且最佳直径按照阻抗匹配的规律移动,如图 3.9(b)所示。由此可确定电源输出阻抗与金属丝阻抗的匹配关系确实会造成能量注入效率的差异,可以合理地推测这种匹配作用在沿面击穿的起始和发展过程中随着金属丝等效电阻率的不断变化将持续起作用,而其最终效果是使某个直径的金属丝获得最高的能量注入量,从而造成了实验现象所呈现的差异。

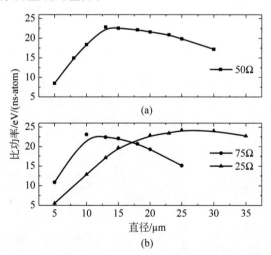

图 3.9　等效电阻率为 $120\mu\Omega\cdot cm$ 时比功率与金属丝直径的关系

(a) 脉冲源输出电阻为 50Ω;(b) 脉冲源输出电阻为 75Ω 和 25Ω

本节给出了钨丝电爆炸实验中观测到的钨丝比能量与初始直径之间的关系:初始直径 $12.5\mu m$ 的钨丝具有明显高于其他直径的比能量,且对于正、负极性电流驱动下的丝爆都存在这一规律。由于从传统的电场与钨丝表面电子发射的角度并不能完善地解释这一现象,因此提出了电源参数与金属丝阻抗存在匹配关系从而导致沉积能量差异的假设,并通过数值分析证实了这一假设。另外对于确定的电源参数,提出可以使用特征点(如汽化点)的比功率作为参考,从而确定最佳的负载直径。这是本书的第一个创新点[91]。

3.2.3　不同丝长度下的电爆炸结果与分析

PPG-3 上的实验结果表明:正、负极性下,丝爆比能量均随负载金属丝长度的增大而减小。这里只具体给出负极性下的结果。图 3.10 给出了直径 12.5μm,长度 0.5～1.5cm 的钨丝电爆炸的干涉照片,所有照片都拍摄于约 300ns 时刻,丝爆图像表明,随丝长度增加,金属丝膨胀速率和汽化程度都明显下降。相应的比能量为(0.5cm,9eV/atom)、(1cm,3.4eV/atom)、(1.5cm,2.3eV/atom),其中 0.5cm 所对应的比能量超过了钨丝的原子化焓 8.8eV/atom。从图 3.10(c)中可见干涉条纹较为均匀地分布于整个金属丝区域,且条纹弯曲较(a)(b)更加明显(由于重新调整了干涉光路,这里向上的条纹弯曲表示中性原子,与图 3.7 中方向相反),但图 3.10(c)中靠近上方阴极处仍可以发现干涉条纹模糊,且条纹位移量小于下方的阳极附近区域,这表明比能量超过原子化焓并不能保证金属丝完全汽化。造成

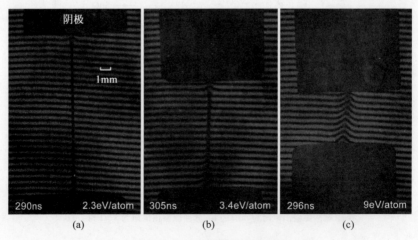

图 3.10　钨丝电爆炸干涉照片

钨丝直径 12.5μm,长度 1.5cm(a),1cm(b),0.5cm(c),拍照时刻约 300ns

这种情况的原因主要有两个：第一是一部分比能量用于提供微小金属颗粒或液滴定向运动的动能或消耗于沿面击穿时金属原子的电离；第二是比能量的计算方法即以半峰值电阻时刻为积分终点的方式并不能准确地衡量丝芯中金属原子的能量积累。

基于图 3.10(c)计算钨丝的汽化率，即气态中性原子数与钨丝冷丝中原子总数之比，或气态原子平均线密度与初始冷丝原子线密度之比。在式(3.13)中忽略电子贡献，得到：

$$\delta(x,z) \approx \frac{2\pi}{\lambda}\alpha(\lambda)\int_Y n_a(x,y,z)\mathrm{d}y \tag{3.14}$$

采用图 3.6 中建立的直角坐标系，则在长方体 X-Y-Z 区域内气态中性原子总数为

$$\begin{aligned}
N_a &= \int_X\int_Z\int_Y n_a(x,y,z)\mathrm{d}y\mathrm{d}z\mathrm{d}x \\
&\approx \frac{\lambda}{2\pi\alpha(\lambda)}\int_X\int_Z \delta(x,z)\mathrm{d}z\mathrm{d}x
\end{aligned} \tag{3.15}$$

可见原子总数为像平面上条纹位移量的面积分。这里利用 MATLAB 程序辅助计算这一积分，附录 B 中给出了简要的计算流程。针对图 3.10(c)中 4.3mm 长度范围内的爆炸丝进行计算，得到气态中性原子平均线密度为 $5.2\times10^{16}\,\mathrm{cm}^{-1}$，而钨丝冷丝的原子线密度为 $7.76\times10^{16}\,\mathrm{cm}^{-1}$，因此汽化率约为 67.2%。

实际金属丝的长度约为 5mm，由于靠近电极处条纹判读较困难，这里直接舍去。并且由于忽略了电子密度对条纹位移的反作用、正离子密度以及边缘处密度低于 M-Z 干涉灵敏度阈值的中性原子，实际的汽化率应略大于计算值。

应注意的是上述对汽化率的计算是以钨丝未完全汽化为前提的，计算中忽略了电子密度，而得到中性原子密度为原子核密度的 67.2%；若实际上钨丝已经完全汽化，则这一计算结果表明有一部分钨原子电离了。已有实验结果表明比能量达到原子化焓并不足以使钨丝完全汽化，完全汽化所需的比能量约为 12eV/atom[62]，因此这里对于比能量 9eV/atom 的钨丝可以较合理地假设其并未完全汽化。但注意到电子和原子对条纹位移的贡献相反(式(3.13))，若假设钨丝已经完全汽化，欲满足条纹位移方程只需添加适当的电子密度，使钨蒸汽具有一定的电离度。这种情况下可以假设钨原子的电离级数(如只考虑一级电离)并利用区域内原子核数的守恒关系构造

关于原子密度和电子密度的第二个方程,从而与条纹位移方程联立求解原子和电子密度。由于已经确定了未完全汽化的前提,此处不再进行这一计算。

回到对比能量与负载丝长度的讨论,可以从不均匀电场击穿的角度理解这一统计规律。绝缘沿面延长时,其沿面击穿电压并不能与沿面长度成正比地增大,而是随长度饱和,即平均击穿场强下降了,这种现象即是电场的不均匀性所导致。由此可以推测在负载丝长度增加时,击穿电压不能与长度成正比地增加,即击穿的平均场强减小,因此金属丝上沉积的总能量不能与长度成正比地增大,即比能量减小。实验数据与此是相符合的,由电信号波形得到的击穿电压分别为(0.5cm,−23.5kV)、(1cm,−35.0kV)、(1.5cm,−44.4kV),相应的击穿平均场强(轴向场)分别为−47kV/cm、−35kV/cm、−30kV/cm,击穿场强随长度的增加而减小。

换一个角度,不妨假设不同长度下丝爆时比能量都相同,根据金属丝被加热时电阻率与比能量的确定关系,可以更进一步假设不同长度金属丝击穿时具有相同的电阻率。为了简化计算,认为丝爆为电流源驱动,不同长度下电流波形相同,且忽略电感电压的作用。则易知对于直径相同而长度不同的金属丝,加热到击穿电阻率所需的时间相同,即击穿时刻流过金属丝的电流相同,由此可得击穿电压正比于钨丝长度:

$$U_{\mathrm{b}} = I_{\mathrm{b}} r = I_{\mathrm{b}} \rho_{\mathrm{b}} \frac{l}{S} \propto l \tag{3.16}$$

显然这与之前所描述的关于绝缘沿面长度和击穿电压的常识以及实验结果相违背。

3.2.4　极性效应和径向电场对丝爆的影响

第1章中已经叙述,不同极性驱动电流作用下爆炸丝呈现不同的外形,且正极性下比能量明显高于负极性,这种现象被称为极性效应。一般认为极性效应产生的原因是径向电场的方向和分布的不同,若径向电场为正(由金属丝表面指向无穷远)则可以抑制金属丝表面的热电子发射,有利于局部能量积累;反之则可导致金属丝表面的"热-场"发射,在局部产生高电导率等离子体区,阻碍能量积累。金属丝长度方向上能量沉积不均匀造成了局部膨胀速率的差异,从而得到不同的爆炸丝外形。在PPG-3上的单丝实验中同样观察到了极性效应现象,并通过改变钨丝表面径向电场的分布验证了其与极性效应之间的关系。

图 3.11 给出了正负极性驱动电流下同一时刻的丝爆干涉照片,阴影照片可参考图 3.4(b)和图 3.4(e)。钨丝长度 1cm,直径 12.5μm,拍照时刻和比能量分别为正极性 319ns、6.5eV/atom,负极性 316ns、3.4eV/atom。与第 1 章中介绍的极性效应类似,图 3.11(a)所示正极性驱动电流下爆炸丝直径由阳极到阴极呈现"增大-减小"的趋势,且最大直径出现在靠近阳极的位置;而图 3.11(b)所示负极性电流下金属丝呈现两端粗中间细的外形,且最小直径出现在靠近阴极的位置。

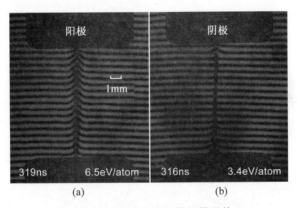

图 3.11　驱动电流下的丝爆照片

钨丝长度 1cm,直径 12.5μm

(a) 正极性；(b) 负极性

相应的电信号波形如图 3.12 所示。图 3.12(a)给出了正、负极性驱动电流作用下丝爆的电流和阻性电压($u_r = u - \mathrm{d}(Li)/\mathrm{d}t$)波形。对比不同极性下的相应波形可以发现二者的总体趋势是十分相似的,主要的不同点在于电压的峰值和电压跌落的时刻,正极性下电压峰值约为 42.6kV,高于负极性的 36.5kV,而正极性下电压跌落的时刻较负极性推迟了约 2ns。由于电压的跌落反映了金属丝表面的沿面击穿过程,因此正极性电流驱动下沿面击穿被推迟了,金属丝两端获得了更高的电阻电压。图 3.12(b)给出了金属丝等效电阻率与比能量的关系曲线,电阻率的计算公式为

$$\rho = \frac{r\pi d^2}{4l} \tag{3.17}$$

其中,r 为金属丝总电阻,d 为金属丝初始直径,l 为金属丝长度。这里忽略了丝爆初期金属丝直径随时间的变化,这种近似的依据主要有两点:第一是沿面击穿发生前电流流过丝芯,金属丝膨胀受到电流磁压力的限制;第二

如前文所述比能量的积分终点选择为金属丝等效电阻减小为峰值电阻一半的时刻,而该时刻距离击穿起始时刻约 1ns,忽略这一时间内金属丝的膨胀并不会带来很大的误差。图 3.12(b)正负极性下电阻率曲线在 $0\sim2\mathrm{eV/atom}$ 比能量范围内较接近,表明钨丝在正负极性电流的加热下经历了相同的固态加热和熔化过程,并达到了汽化温度;曲线的差异在汽化过程起始后逐渐增大,对应于丝爆的沿面击穿过程,正极性下金属丝等效电阻率下降明显减缓,这与图 3.12(a)中显示的正极性下沿面击穿被推迟是一致的。

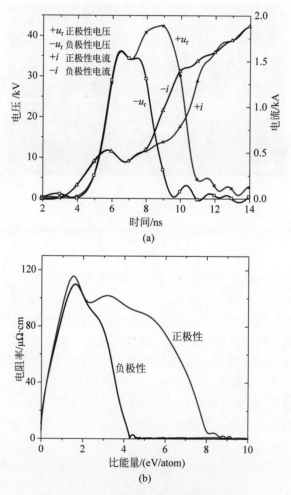

(a)

(b)

图 3.12　正、负极性下丝爆的电信号波形

(a) 不同极性下丝爆的电流和阻性电压波形;

(b) 不同极性下金属丝等效电阻率与比能量的关系曲线

　　借助有限元分析软件可以计算金属丝表面的径向电场,进而分析极性效应的成因。本书中使用 COMSOL 软件进行二维静电场仿真计算,文献[64]中给出了可以使用静电场(electrostatic)进行仿真的原因。根据实际尺寸建立几何模型如图 3.13 所示,竖直方向为轴向(z 方向),水平为径向(r 方向),$r=0$ 处为对称轴,金属丝位于纵坐标 $z_1 \sim z_2 (z_1 < z_2)$ 之间。高压电极设置固定电位 V,地电极和回流柱为零电位,金属丝上设置随纵坐标线性变化的电位分布(认为金属丝电阻沿 z 方向均匀分布),并保证与高压电极和地电极电位的连续,这里设置为 $v = (z - z_1)V/(z_2 - z_1)$。

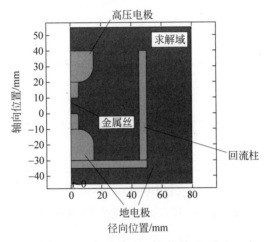

图 3.13　二维静电场仿真的几何模型

　　图 3.14 给出了正负极性驱动电流下径向电场的计算结果,横坐标为轴向位置,0 处为地电极,10mm 处为高压电极;纵坐标为径向电场与轴向平均场强绝对值之比,使用这个比值可以省略高压电极的电压,比值为正表示电场从丝表面指向无穷远。从图中可以看出正极性下阳极附近有最强的抑制电子发射电场,而负极性下阴极附近有最强的促进电子发射电场,这与照片中给出的爆炸丝外形有较好的对应关系。

　　进一步可以人为改变丝爆的径向场分布以观察爆炸丝外形以及比能量是否发生相应的变化。为此本书在负极性驱动电流下设计了相应实验,通过在阴极加装不同直径的金属板可以改变径向电场的分布,如图 3.15 所示。

　　图 3.16(a)给出了采用不同直径金属圆板时丝爆的比能量变化,负载金属丝均为长度 1cm、直径 12.5μm 的钨丝。可见随着圆板直径的增大,

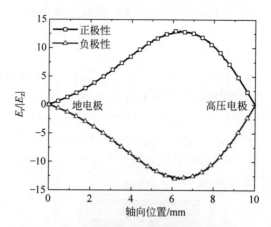

图 3.14　正负极性驱动电流下的径向电场分布

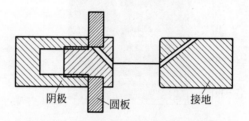

图 3.15　阴极加装屏蔽板的电极构型

比能量相应增大,但增长速率趋缓,呈现逐渐饱和的趋势。图 3.16(b)为静电场仿真给出的径向电场分布,随着圆板直径的增大,径向电场由负变正,即从促进丝表面电子发射逐渐变为抑制电子发射,这与比能量的变化趋势是一致的。比较图 3.16(b)40mm 曲线与图 3.14 中正极性曲线,可发现二者径向电场具有相似的幅值和形状(径向电场峰值出现在靠近阳极一侧),与此相对应,二者具有相似的比能量(6.6eV/atom 和 6.5eV/atom)和相似的爆炸丝外形。图 3.17(a)给出了负极性带 40mm 圆板的阴影照片,与图 3.11(a)或图 3.4(e)中的正极性爆炸丝外形一致。也就是说,虽然使用的驱动电流极性不同,但得到的丝爆结果却相同,而造成这种现象的原因即二者具有相同的径向电场。图 3.17(b)为负极性带 20mm 圆板时的阴影照片,其外形也与图 3.16(b)中 20mm 曲线变化趋势相一致。

　　通过以上的实验结果和分析可知,径向电场是极性效应的决定性因素。径向电场的方向和幅值可显著影响丝爆的比能量;径向电场沿金属丝表面

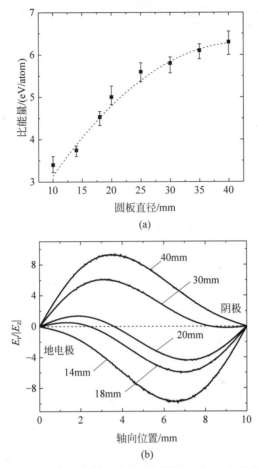

图 3.16　采用不同直径圆板时的径向电场分布(a)和比能量(b)

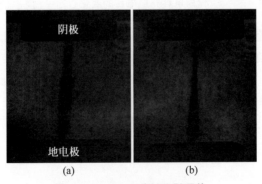

图 3.17　400ns 时刻阴影照片

(a) 负极性带直径 40mm 圆板；(b) 负极性带直径 20mm 圆板

分布则与爆炸丝外形有较好的对应关系。另外,提出对于负极性下的丝爆,可通过在阴极添加屏蔽电极的方式获得丝表面正向径向电场,从而提高丝爆性能,这是本书的第二个创新点[111]。

3.2.5　电流上升率对丝爆的影响

丝爆的比能量随驱动电流上升率的增大而增大,且在实验的充电电压范围内二者大致呈线性关系。正极性下长度 1cm、直径 12.5μm 钨丝的比能量随充电电压(电流上升率)的变化如图 3.18 所示,对数据进行线性拟合,表达式为 $E_{sm}=0.066+0.102V$,其中 V 为储能电容充电电压,单位为 kV。又根据 2.1.1 节中充电电压与平均电流上升率的关系,可得 $E_{sm}=0.066+0.612\eta$,其中 η 表示平均电流上升率,单位为 A/ns。

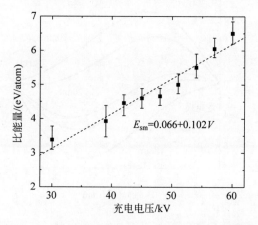

图 3.18　长度 1cm,直径 12.5μm 钨丝的比能量随储能电容充电电压的变化

造成这种趋势的原因为沿面击穿的放电时延,即电流上升率提高时可以在击穿完成前向金属丝中注入更多的能量,此处的实验结果与前人已发表文献的结果一致[65,112],这里不再赘述。图 3.19 所示为时间积分的丝爆照片(相机曝光时间包含整个丝爆过程),较高电流上升率下可以观察到沿面击穿的电弧光和丝爆等离子体扩散后的辐射光线,如图 3.19(a)所示;较低电流上升率下的丝爆可以观察到真空击穿的通道,如图 3.19(b)所示。

(a) (b)

图 3.19 单反相机拍摄的时间积分的丝爆照片

（a）30kV 充电电压（电流上升率 50A/ns）；（b）10kV 充电电压（电流上升率 16.7A/ns）

3.3 镀膜丝电爆炸实验结果与分析

在钨丝表面覆盖绝缘镀层可以有效增大比能量[60]，其原理为绝缘镀层抑制钨丝表面电子发射，从而延缓沿面击穿。这里给出正负极性下电爆炸镀膜丝的实验结果，并根据干涉照片估算了正极性下爆炸丝的轴向平均电离度、平均温度及径向电离度分布。实验中使用的镀膜丝导体直径为 $12.5\mu m$，镀膜后直径分别为 $14\sim17\mu m$（薄镀层）和 $17\sim21\mu m$（厚镀层）。

3.3.1 电信号波形

镀膜丝电爆炸的过程与裸丝电爆炸类似，其丝爆的电压、电流等电学量也具有相似的特征。图 3.20 给出了裸丝和镀膜钨丝电爆炸的电压、电流波形，两种钨丝导体直径均为 $12.5\mu m$，长度均为 1cm，平均电流上升率相同（储能电容充电电压均为 60kV）。镀膜钨丝的阻性加热时间约为裸丝的 2 倍，即镀膜的存在有效推迟了沿面击穿的起始时间，从而可以注入更多的能量，将钨丝加热到更高的温度和电阻，相应的阻性电压峰值达到约 60kV，远高于非镀膜钨丝的电压峰值（约 43kV）。由于沿面击穿被大大推迟，镀膜丝的比能量可达到 20eV/atom，远高于裸丝时的 6.5eV/atom。

3.3.2 正极性丝爆干涉照片和数据处理

图 3.21 给出了正极性下镀膜丝电爆炸的干涉照片，钨丝长度为 1cm，直径 $12.5\mu m$，镀膜后直径为 $17\sim21\mu m$。爆炸丝的整体外形与裸丝相似，最大直径出现在靠近阳极的一侧。这种镀膜丝的比能量典型值为 20eV/atom，

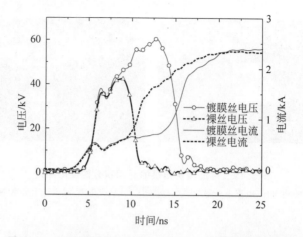

图 3.20　正极性下,长度 1cm,直径 12.5μm 的裸丝和镀
　　　　膜钨丝(镀膜后直径 14～17μm)电爆炸的阻性
　　　　电压和电流波形

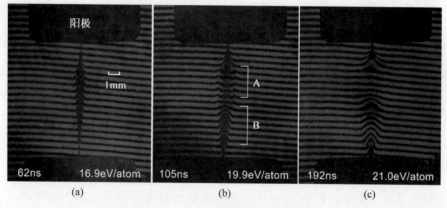

图 3.21　正极性下镀膜丝干涉照片
钨丝长度 1cm,直径 12.5μm,镀膜后丝直径 17～21μm
(a)拍照时刻 62ns; (b)拍照时刻 105ns; (c)拍照时刻 192ns

超过钨原子化焓的两倍,但不同发次间的分散性较大,可达到 4eV/atom。
对镀膜丝而言,初始状态下导体与电极之间是绝缘的,因此电流起始阶段最
先发生的是绝缘镀层的击穿,之后才是金属丝的焦耳加热。电极端面与镀
膜丝接触点的绝缘击穿会产生大量高电导率的等离子体,其分流作用阻碍
了附近金属丝的能量沉积,因此从照片中可见电极端面处的金属丝膨胀率
很小,甚至小于裸丝。绝缘镀层的引入会给比能量的计算带来额外的误差,

一方面一部分能量用于绝缘镀层的击穿,另一方面一部分沉积能量会通过热传导进入镀层中,由于难以进行定量估计,这里忽略这些因素的作用。另外实验结果表明绝缘镀层的引入并不会改变参与丝爆的金属丝长度,实验结束后在穿丝块的孔中仍可以找到相应长度的未参与丝爆的金属丝,可见采用斜孔式的穿丝块设计时,绝缘镀层的击穿总是发生在电极的端面处。

除去靠近电极的部分,爆炸丝外形总体呈锥形,中部偏向阳极一侧具有最大的比能量和膨胀率(图 3.21(b) 中 A 段),随后沉积能量向阴极递减,这与无镀膜的钨丝类似。干涉条纹的偏折情况则十分不同:A 段干涉条纹两侧向上偏折而中部略向下,而 B 段干涉条纹只呈现单一的向上偏折。

为了分析图 3.21 中的干涉条纹,参照图 3.6 建立直角坐标系,即以爆炸丝轴线为 z 轴,激光入射方向为 y 轴,则干涉照片显示的是 x-z 平面上的投影结果。考虑一般的情况,研究干涉条纹的形态与等离子体密度分布之间的关系,从而根据干涉照片上显示的条纹偏折情况推测爆炸丝等离子体的密度分布和电离情况等。

以暗条纹为例,暗条纹中心线可以视为 x-z 平面上的一族曲线,曲线的方程由相消干涉的条件决定,即同一曲线上的点对应的光程差为半波长的奇数倍。对于像平面位置的 x-z 平面上的某一点 (x,z),到达该点的物光和参考光具有一定的固有光程差,这个光程差形成了有限宽的背景条纹,将此依赖于 (x,z) 的光程差记为 $l_0 = l_0(x,z)$,则可知背景条纹曲线族的方程为

$$l_0 = (2k+1)\frac{\lambda}{2}, \quad k = 0,1,\cdots,N \tag{3.18}$$

假设背景干涉条纹与爆炸丝中轴线互相垂直,如图 3.22 中实线所示,在 x-z 平面上建立坐标系,以 1 级暗条纹所在的直线为 x 轴,以爆炸丝轴线所在直线为 z 轴,假设相邻两级暗条纹中心的间距为 d_0。对于这种等间距直线系背景条纹,可得其固有光程差为

$$l_0(x,z) = \left(2\frac{z}{d_0}+1\right)\frac{\lambda}{2} \tag{3.19}$$

当物光穿过目标等离子体时,其光程相应发生改变,因此在干涉的成像平面上与参考光的光程差也相应改变,从而得到反映被测物信息的条纹扰动。假设被诊断的等离子为薄壁圆筒状,圆筒中轴线位于 z 轴,内外半径分别为 r_1 和 r_2,其中粒子以数密度 n_0 均匀分布,为简化计算只考虑中性原子对于条纹位移的贡献,且原子极化率为 α。则某点附加的光程差与激光

穿过该点的路径长度 Y 成正比,以 $l(x,z)$ 表示该附加光程差,有:

$$l(x,z) = (\eta-1)Y \tag{3.20}$$

其中,η 为圆筒中中性气体的折射率,结合折射率与原子极化率的近似关系式:

$$\eta-1 \approx 2\pi n_0 \alpha \tag{3.21}$$

可得圆筒型气体柱造成的附加光程差为

$$l(x,z) \approx 2\pi n_0 \alpha Y = \begin{cases} 0, & |x|>r_2 \\ 4\pi n_0 \alpha \sqrt{r_2^2-x^2}, & r_1 \leqslant |x| \leqslant r_2 \\ 4\pi n_0 \alpha(\sqrt{r_2^2-x^2}-\sqrt{r_1^2-x^2}), & |x|<r_1 \end{cases} \tag{3.22}$$

由此可得扰动后干涉条纹曲线系的方程为

$$l_0 + l = (2k+1)\frac{\lambda}{2}, \quad k=0,1,\cdots,N \tag{3.23}$$

将 l_0 和 l 的表达式代入上式可得扰动后干涉条纹曲线系的方程为

$$z = \begin{cases} kd_0, & |x|>r_2 \\ kd_0 - \dfrac{4\pi n_0 \alpha d_0}{\lambda}\sqrt{r_2^2-x^2}, & r_1 \leqslant |x| \leqslant r_2 \\ kd_0 - \dfrac{4\pi n_0 \alpha d_0}{\lambda}(\sqrt{r_2^2-x^2}-\sqrt{r_1^2-x^2}), & |x|<r_1 \end{cases}$$

$$k=0,1,\cdots,N$$

$$\tag{3.24}$$

曲线系形状如图 3.22 中点线所示。可见受中性原子扰动后,干涉条纹将向低等级条纹方向弯曲;或可以理解为对于像平面上的某一点,中性原子的存在使该点的光程增加,因此该点在干涉图像中将对应于比原来等级更高的条纹。

圆筒型气体柱的干涉条纹呈现马鞍形。令曲线方程中内半径 $r_1=0$,可得圆柱形气体柱的干涉条纹形状,易知条纹呈拱形。

在此分析的基础上重新观察图 3.21 中的干涉照片,已知向上的偏折代表中性原子造成的条纹位移,向下的偏折代表电子造成的条纹位移。可知 A 段爆炸丝外层存在密度较高的中性气体层,而内部有高电离度等离子体区(图 3.21(a)中可见向下弯曲的拱形干涉条纹,表明该区域电子密度较高);B 段为高密度中性原子区(干涉条纹为向上弯曲的拱形),整体电离度

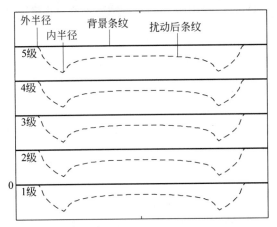

外半径
内半径
背景条纹
扰动后条纹

5级
4级
3级
2级
0 1级

图 3.22 圆筒型被测物对干涉条纹的扰动示意图

较低且最外层不存在高密度中性气体层。图 3.32(a)～(c)显示了干涉条纹随时间的变化过程,随着时间的推移,两侧向上的偏折和中部向下的偏折均变缓,图 3.21(c)中 A 段条纹几乎水平,表明中性原子和电子对条纹位移的贡献相互抵消。

A 段外层的中性气体层可能的来源为绝缘镀层的热分解,A 段由于比能量较高,丝芯温度较高,通过热传导和热辐射传递给镀层的能量可能较多。对这两种传热方式分别进行校验,热传导通过某一接触面传递能量的功率为

$$E_c = S \cdot \eta \cdot \Delta T \qquad (3.25)$$

其中,S 为接触面积;η 为传热系数;ΔT 为接触面两侧温度差。热辐射功率密度根据斯特藩公式(Stefan-Boltzmann law)估计(考虑黑体辐射):

$$E_r = \sigma T^4 \qquad (3.26)$$

其中,比例系数 σ(Stefan-Boltzmann constant)的值为 $5.67 \times 10^{-8}\,\mathrm{W/(m^2 \cdot K^4)}$。

镀膜钨丝导体直径 $12.5\,\mu\mathrm{m}$,镀膜后直径 $17 \sim 21\,\mu\mathrm{m}$,取中间值 $19\,\mu\mathrm{m}$;A 段长度约为 5mm;取聚酰亚胺的密度 $1.4\mathrm{g/cm^3}$($1.38 \sim 1.43\mathrm{g/cm^3}$),比热 $1.09\mathrm{J/(g \cdot K)}$,不考虑比热随温度的变化。则 A 段绝缘镀层每升高 1K 所需的能量为

$$E = \left[\frac{\pi}{4}(19^2 - 12.5^2) \times 10^{-8}\,\mathrm{cm^2} \right] \times (0.5\mathrm{cm}) \times$$
$$(1.4\mathrm{g/cm^3}) \times (1.09\mathrm{J/g \cdot K}) = 1.23\,\mu\mathrm{J/K} \qquad (3.27)$$

取热源温度为钨的沸点 5828K,环境温度为常温 293K 恒温,近似认为传热过程中聚酰亚胺温度保持此温度,聚酰亚胺热传导系数为 $0.2\mathrm{W/(m \cdot K)}$,

热源直径为初始直径 $12.5\mu m$,则 A 段钨丝内向聚酰亚胺镀层热传导的功率为

$$E_c = (0.005 m) \times (\pi \times 12.5 \times 10^{-6} m) \times$$

$$(0.2 W/m \cdot K) \times \frac{(5828K - 293K)}{3.25 \times 10^{-6} m} = 66.8W \qquad (3.28)$$

A 段钨丝热辐射的功率为

$$E_r = (0.005 m) \times (\pi \times 12.5 \times 10^{-6} m) \times$$

$$(5.67 \times 10^{-8} W \cdot m^{-2} \cdot K^{-4}) \times (5\,828K)^4 = 12.8W$$

$$(3.29)$$

认为热辐射能量全部被镀层吸收,则 100ns 时间内通过辐射和热传导传递的总能量为 $7.96\mu J$,此能量仅能使 A 段镀层升温 6.5K,考虑传热过程中聚酰亚胺镀层温升时结果将小于 6.5K。

聚酰亚胺的热分解温度约为 700K,计算得到的温升远低于热分解所需的温升(约 407K)。但考虑到聚酰亚胺镀层与钨丝表面良好接触,其初始接触面积有可能大大超过由宏观尺寸计算的表面积,而钨丝汽化后通过中性原子与镀层间的碰撞传热,这时的等效传热面积将远远大于根据宏观尺寸计算的表面积;另一方面核算时的热源温度为钨沸点 5828K,而实际上通过电流注入的能量大大超过了钨的原子化焓,钨丝汽化后的温度可能远超沸点温度。以注入能量 20eV/atom 估算,扣除钨原子化焓 8.8eV/atom,不考虑电离等因素,则得到钨原子动能 11.2eV,这一动能对应于 $8.66 \times 10^4 K$。由于辐射功率与温度的四次方成正比,以这一温度辐射时可在 0.8ns 内使镀层达到热分解温度。通过以上的简单核算可以合理推测,在钨丝良好汽化的情况下有可能通过传热造成绝缘镀层的热分解。

图 3.21 中 A 段干涉条纹的另一明显特征为中部向下弯曲的拱形条纹,根据之前的分析推测,这一拱形的成因为爆炸丝中心具有高电离度的等离子柱。这一高电离度区域仅限于金属丝的中上段,而下段干涉条纹为向上弯曲的拱形,表明此段电离度较低。由于沿面放电导致这种上下两段电离度明显不同的可能性较小。另一方面注意到,高电离度段恰好对应于爆炸丝能量沉积最好的一段,由此可以猜测这种分段现象是否与比能量或温度有关,即高电离度等离子体的成因为热电离。

可通过条纹位移量估算某一区域内丝爆等离子体的平均电离度,在此之前作了以下必要的假设。

假设 1:区域内钨丝完全汽化,即不存在高密度液态或固态颗粒。

假设 2:在所考察的时间范围内(几十到几百纳秒),忽略丝爆等离子中

粒子沿轴向的运动。

假设 3：只考虑一级电离，即每个电离的原子只产生一个自由电子。

假设 1 要求区域内爆炸丝比能量足够高，镀膜丝区域内比能量超过 20eV/atom，远高于钨原子化熔，因此该假设合理。对于假设 2，造成丝爆等离子中粒子轴向运动的因素主要包括电场力和由于沿轴温度分布不均匀所导致的膨胀速度的差异。干涉照片的拍照时刻为几十到几百纳秒，此时金属丝沿面击穿过程已经完成，而沿面击穿后间隙电压很低，因此在百纳秒时间尺度内，带电粒子在轴向电场力作用下的运动可以忽略。另一方面，由于丝爆的极性效应，金属丝不同轴向位置具有不同的直径，即具有不同的温度或膨胀速度，必然导致高温区域的粒子扩散进入相邻的低温区域。综上所述，假设 2 对于均匀爆炸的钨丝近似成立，但对于爆炸丝直径沿轴变化率较大的区域可能造成较大误差。根据干涉照片可知，爆炸丝等离子体远未达到完全电离，因此只考虑一级电离的假设 3 合理。

设想在干涉照片上用一个长宽分别为 ΔX 和 ΔZ 的矩形进行"采样"，矩形的中心位于 z 轴上一点 $P(0, z_P)$，矩形的直角边分别平行于 x 轴和 z 轴，且保证 $\Delta X > D_P$，D_P 即 P 点处丝爆等离子体的直径。暂时忽略镀膜汽化层的存在，根据假设 2 和假设 3，这个矩形范围内的原子核数 N_{nuc} 等于 ΔZ 长度的冷丝中的原子数 N_0；而矩形范围内的电子则由其中的原子通过一级电离产生，电子数记为 N_e；进而区域内中性原子数 $N_a = N_0 - N_e$。

对公式(3.13)进行简单的改写

$$\delta(x_0, z_0) = \frac{2\pi\alpha}{\lambda}\int_Y n_a \mathrm{d}y + \frac{2\pi\beta}{\lambda}\int_Y n_e \mathrm{d}y \tag{3.30}$$

其中 $\beta = \dfrac{-4.49 \times 10^{-14}\lambda^2}{2\pi}$。将上式在采样矩形上作面积分可得到

$$\int_{\Delta X}\int_{\Delta Z}\delta(x_0, z_0)\mathrm{d}x\,\mathrm{d}z = \frac{2\pi\alpha}{\lambda}\int_{\Delta X}\int_{\Delta Z}\int_Y n_a \mathrm{d}y\,\mathrm{d}x\,\mathrm{d}z + \frac{2\pi\beta}{\lambda}\int_{\Delta X}\int_{\Delta Z}\int_Y n_e \mathrm{d}y\,\mathrm{d}x\,\mathrm{d}z$$

$$= \frac{2\pi}{\lambda}(\alpha N_a + \beta N_e) \tag{3.31}$$

由此，得到了关于矩形区域内电子数和中性原子数的两个方程

$$\begin{cases} \dfrac{2\pi}{\lambda}(\alpha N_a + \beta N_e) = \displaystyle\int_{\Delta X}\int_{\Delta Z}\delta(x_0, z_0)\mathrm{d}x\,\mathrm{d}z \\ N_a + N_e = N_0 = \Delta Z\,\dfrac{\pi d^2 \rho N_A}{4M} = \Delta Z \times 7.757 \times 10^{16} \end{cases} \tag{3.32}$$

其中,上式右侧为矩形区域内条纹位移量的面积分,其数值计算方法可参考附录 B;下式右侧为 ΔZ 长度冷丝中原子数。但应注意的是上述推导的前提条件为忽略镀膜汽化所形成的中性气体层,而对于图 3.21 所示的厚镀层钨丝干涉照片,需要首先考察外层中性气体层对结果造成的影响,若不能忽略,则应设法消除或减小该影响。

一种聚酰亚胺的分子式为 $(C_{20}H_8O_5N_4)_n$,假设完全分解为单原子,原子的极化率分别为(单位为 $10^{-24}\,cm^3$):$\alpha_H = 0.67$,$\alpha_C = 1.76$,$\alpha_N = 1.10$,$\alpha_O = 0.80$。则气体层的平均极化率为 $\alpha_{ins} = (20\alpha_C + 8\alpha_H + 5\alpha_O + 4\alpha_N)/37 = 1.32$。由此可估算使用式(3.32)计算电离度时这一气体层带来的误差。对于所使用的直径 $d_0 = 12.5\,\mu m$ 钨丝,镀膜后的最大直径为 $21\,\mu m$,则镀膜的最大厚度可取为 $d = 4.25\,\mu m$,聚酰亚胺的密度取 $\rho = 1.42\,g/cm^3$,聚酰亚胺每个单元的分子量为 $384\,g/mol$,每个单元包含的原子数为 37。镀膜丝镀层中的原子线密度为(下标 L 表示线密度)

$$n_{L\text{-ins}} = \frac{37\rho\pi\left[(d_0 + 2d)^2 - d_0^2\right]N_A}{4 \times 384\,g/mol} = 1.84 \times 10^{17}/cm \tag{3.33}$$

镀膜丝冷丝中钨原子线密度为 $n_{L\text{-w}} = 7.757 \times 10^{16}/cm$。根据式(3.32)计算爆炸丝等离子体电离度,忽略镀层影响时得到的电离度记为 η,实际电离度记为 η_1,可得到二者之间的关系:

$$n_{L\text{-w}}\eta\beta + n_{L\text{-w}}(1 - \eta)\alpha_W = n_{L\text{-ins}}\alpha_{ins} + n_{L\text{-w}}\eta_1\beta + n_{L\text{-w}}(1 - \eta_1)\alpha_W \tag{3.34}$$

其中,钨原子极化率 $\alpha_W = 15 \times 10^{-24}\,cm^3$,电子极化率 $\beta = -20.2 \times 10^{-24}\,cm^3$。代入式(3.34)得到关系式:

$$\eta_1 = \eta + 8.9\% \tag{3.35}$$

即实际电离度高于计算值 8.9%。显然这一偏差是不可忽略的,应设法消除或减小该偏差。下面利用阿贝尔变换进行处理。

对于轴对称密度场的干涉条纹,阿贝尔变换是一种有效的数据处理方式。以丝轴线为纵轴建立坐标系,利用阿贝尔变换可得到被测等离子体折射率在径向的分布,进而根据密度与折射率的关系获得等离子体中原子或电子密度在径向的分布情况。参考图 3.6 建立直角坐标系,丝轴线为 z 轴,激光方向为 y 轴,则阿贝尔变换的表达式为[106]

$$\begin{cases} \delta(x) = \dfrac{2}{\lambda}\displaystyle\int_x^{\infty} \dfrac{\Delta n(r)r\,dr}{\sqrt{r^2 - x^2}} \\[3mm] \Delta n(r) = n(r) - n_{\infty} = -\dfrac{\lambda}{\pi}\displaystyle\int_r^{\infty} \dfrac{d\delta(x)/dx}{\sqrt{x^2 - r^2}}\,dx \end{cases} \tag{3.36}$$

式(3.36)针对爆炸丝某一横截面 $z=z_x$,相当于在激光投影平面 x-z 平面中作直线 $z=z_x$;根据直角坐标系的建立方式,可知折射率沿 x 方向的分布即为轴对称密度场折射率沿径向的分布。其中,λ 为诊断激光波长;$\delta(x)$ 为点 (x,z_x) 处的条纹位移量;$\Delta n(r)$ 为点 (x,z_x) 处折射率与真空折射率的差值,将该差值对激光穿过被测区域的路径积分即得到附加光程差。其中上式为正变换,即已知折射率径向分布时计算相应位置的条纹位移量;下式为逆变换,即通过条纹位移量的分布反推折射率的径向分布情况。

采用数值方法计算阿贝尔逆变换,计算区域的半径记为 R,将轴对称等离子体区域沿径向等间隔地划分为 N 层,则每层厚度为 $\Delta r=R/N$,分割后的等离子柱为中心半径为 Δr 的圆柱和外围 $N-1$ 个厚度 Δr 的薄壁圆筒。若将这一划分投影到 x-z 平面上,则这些圆筒的内边界位于 $x=\pm k\cdot\Delta r$,其中 $k=1,2,\cdots,N-1$,以 k 值(圆筒内边界所在位置)作为圆筒的编号,并假设每个圆筒内的等离子密度满足某种确定的分布,例如可假设其中密度均匀分布,则对于编号为 i 的圆筒,可获得其内边界位置的条纹位移量 m_i,该圆筒内折射率变化量记为 Δn_i。只需求解如下的线性方程组:

$$A^{\mathrm{T}}[\Delta n]=\frac{\lambda}{2\Delta r}[\delta] \tag{3.37}$$

其中,$[\Delta n]$,$[\delta]$ 为 $N-1$ 个圆筒的折射率变化量和内边界条纹位移量组成的列向量;A 为下三角系数矩阵,其中系数的计算方法为

$$A_{il}=\sqrt{(i+1)^2-l^2}-\sqrt{i-l^2} \tag{3.38}$$

利用阿贝尔变换消除镀层影响的一种思路为:首先通过阿贝尔逆变换得到折射率差值的径向分布;然后对径向分布曲线进行处理,去除对应于外层中性气体层的部分;之后进行阿贝尔正变换得到处理后的条纹位移量分布,进而利用式(3.32)计算电离度。

选择干涉条纹较为清晰且细节特征较明显的图 3.21(b)进行阿贝尔逆变换,首先在图中描绘出干涉条纹暗纹中心线的轮廓并选定进行阿贝尔变换的范围,如图 3.23 所示,相应的变换结果也在图中一并给出。在轴对称密度分布的假设下,变换得到的每条曲线必然以金属丝中轴线为对称轴左右对称,因此只需对区域内中轴线左侧(或右侧)进行阿贝尔变换即可。这里给出了整个区域内的变换结果,曲线系基本满足左右对称,但仍有偏差,这一偏差可能来自条纹位移量读取的误差,也可能由于被诊断等离子密度并不是理想的轴对称分布。

根据图 3.23 可以得出被诊断等离子体的一些基本特征。之前已经根

据干涉条纹的特征将爆炸丝分成了两个区域 A 和 B,分别代表高电离度区域和低电离度区域,可以明显地看出高电离度区域存在大量电子(折射率差为负值,即等离子折射率小于真空折射率),而低电离度区域中性原子对条纹位移起主要作用,且高电离度区域外侧存在镀膜汽化形成的中性层。对于低电离度区域 B,其折射率差值或中性原子密度由中轴线沿半径增大方向递减,这是钨丝汽化后自由扩散造成的;另外中性原子密度随轴向位置的增大(干涉照片中由上向下)而增大,在钨丝完全汽化的前提条件下,这表明在 B 区金属蒸汽也具有一定的电离度。

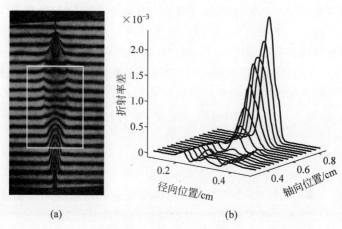

(a)　　　　　　　　　　　(b)

图 3.23　干涉条纹暗纹轮廓线和相应的阿贝尔变换结果

得到折射率差值的径向分布后,下一步需要去除外层中性气体层的影响,在此之前需要确定中性气体层的范围。参考图 3.22 所示的马鞍形干涉条纹,左右两侧的极值点对应的半径即为圆筒内径所在的位置,而图 3.23 所示的干涉条纹也有类似明显的极值特征,因此这里选择干涉条纹中的极值点位置为外层中性气体层的内半径位置。对于无镀层汽化的区域,可根据干涉条纹的移动级数确定爆炸丝半径,如可取条纹位移量为 0.1 级的位置作为边界。按照前述的思路,为了计算平均电离度,可对消除镀层后的有效部分进行阿贝尔正变换,获得条纹位移量沿 x 方向的分布,进而使用公式(3.32)计算电离度。另一种可行的方式为对折射率径向分布直接积分。以 n_{nuc} 表示原子核数密度,η 表示电离度,则中性原子数密度和电子数密度可表示为 $n_a = n_{nuc}(1-\eta)$,$n_e = n_{nuc}\eta$。根据关系式:

$$\Delta n = 2\pi(n_a \alpha_W + n_e \beta) = 2\pi n_{nuc}[(1-\eta)\alpha_W + \eta\beta] \qquad (3.39)$$

以金属丝轴线为 z 轴建立柱坐标系,对于某一截面 $z=z_P$,对上式两侧同时进行面积分,得到

$$\int_0^{R_P} \Delta n(2\pi r \mathrm{d}r)$$

$$=2\pi \int_0^{R_P} n_{\mathrm{nuc}}(2\pi r \mathrm{d}r)\left[(1-\eta)\alpha_{\mathrm{W}}+\eta\beta\right]=2\pi n_{\mathrm{L\text{-}nuc}}\left[(1-\eta)\alpha_{\mathrm{W}}+\eta\beta\right]$$

$$\Leftrightarrow \int_0^{R_P} \Delta n r \mathrm{d}r = n_{\mathrm{L\text{-}nuc}}\left[(1-\eta)\alpha_{\mathrm{W}}+\eta\beta\right]$$

$$(3.40)$$

其中,原子核线密度应与冷丝中钨原子线密度相等 $n_{\mathrm{L\text{-}nuc}}=n_{\mathrm{L\text{-}W}}=7.757\times 10^{16}/\mathrm{cm}$,$R_P$ 为之前获得的除去镀层气体后的有效部分半径。代入数据可得电离度表达式为

$$\eta=42.6\% - \frac{\int_0^{R_P} \Delta n r \mathrm{d}r}{2.73\times 10^{-5}} \qquad (3.41)$$

对图 3.23 中白色矩形框范围内的丝爆等离子体计算平均电离度沿轴向的分布,得到的结果如图 3.24 所示。图中给出了去除镀层气体后的电离度分布(黑色实线,记为曲线 a),忽略镀层气体直接按照式(3.32)计算电离度分布(灰色虚线,记为曲线 b),以及曲线 b 向上平移 7% 得到的曲线(灰色点划线)。

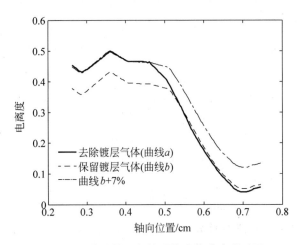

图 3.24　去除镀层气体后的平均电离度以及
保留镀层气体时的电离度

前文已有分析,忽略镀层气体直接使用式(3.32)计算得到的电离度最大可能偏低约 8.9%。而图 3.24 中的结果表明,存在镀层汽化的区域这一偏低的百分比为 7%,这一比例在预测值的范围内;另一方面,这种符合也表明相应位置处的镀层已经完全分解为单原子。随着轴向位置的增大,曲线 a 和曲线 b 趋于重合,这表明对于未发生镀层汽化的区域,使用式(3.32)和式(3.41)可得到相同的结果,二者互相印证也保证了电离度计算结果的正确性。电离度曲线的总体趋势为随轴向位置的增大(干涉照片中由上到下的方向)电离度减小,这与前文的分析是一致的。另外注意到在图中曲线的后段(轴向位置大于 0.7cm)出现了电离度的反常升高,这可能是由于计算误差造成。镀层分解程度的降低以及钨丝本身汽化率的降低都会导致计算出的“视在”电离度升高。

在计算得到的平均电离度的基础上,可以估算钨蒸汽的平均温度。计算一定温度气体电离度的经典方法为萨哈方程(Saha ionization equation 或 Saha-Langmuir equation),对于单一原子气体,萨哈方程的形式为

$$\frac{n_{i+1} n_e}{n_i} = \frac{2}{\Lambda^3} \frac{g_{i+1}}{g_i} \exp\left[-\frac{(\varepsilon_{i+1} - \varepsilon_i)}{k_B T}\right] \tag{3.42}$$

其中,n_i 表示处于 i 级电离状态的原子,即原子核外层有 i 个电子被电离;g_i 表示上述 i 级电离状态原子的简并度;ε_i 表示电离 i 个电子所需的能量;n_e 表示电子密度;Λ 称为热波长(thermal de Broglie wavelength),为温度的函数,其表达式为

$$\Lambda \overset{\text{def}}{=} \sqrt{\frac{h^2}{2\pi m_e k_B T}} \tag{3.43}$$

其中,h 为普朗克常数;m_e 为电子质量;k_B 为玻耳兹曼常数;T 为温度。若仅考虑一级电离,则萨哈方程可简化为

$$\frac{n_e^2}{n - n_e} = \frac{2}{\Lambda^3} \frac{g_1}{g_0} \exp\left(\frac{-\varepsilon}{k_B T}\right) \tag{3.44}$$

其中,n_e 为电子密度;n 为原子核密度,一级电离时等于电子密度与中性原子密度之和;ε 为原子的第一电离能。应注意萨哈方程的适用条件为热平衡等离子体,但丝爆过程的时间尺度为亚微秒量级,在这种短时间内是否可以近似使用萨哈方程进行计算需要首先进行核算。

高温导致的电离实际上是粒子间相互碰撞导致的电离,因此热电离达到平衡所需的时间尺度可以参考粒子间的碰撞频率。假设热平衡等离子体中粒子速率分布满足麦克斯韦分布,则可通过粒子平均自由程和平均速度

计算相邻两次碰撞之间的时间,该时间可以反映热电离达到平衡所需的时间。平均自由程表达式为

$$\bar{\lambda} = \frac{1}{\sqrt{2} \cdot \sigma n} \tag{3.45}$$

平均速度为

$$\bar{v} = \sqrt{\frac{8 k_B T}{\pi m}} \tag{3.46}$$

两次碰撞之间的时间间隔为

$$\tau = \bar{\lambda}/\bar{v} \tag{3.47}$$

其中,σ 为碰撞截面,对原子和电子分别取值 πd^2 和 $\pi d^2/4$,d 为原子直径,钨原子直径为 4.04×10^{-10} m;m 为粒子质量,电子质量 $m_e = 9.11 \times 10^{-31}$ kg,钨原子质量 $m_w = 3.06 \times 10^{-25}$ kg;温度取钨的常压沸点 5828K;玻耳兹曼常数 k_B 为 1.38×10^{-23} J/K;n 为粒子数密度,这里取为原子核平均数密度:

$$n = \frac{d_0^2 \rho N_A}{d_1^2 M} \tag{3.48}$$

其中,d_0 为钨丝初始直径 12.5 μm;d_1 取图 3.21(a)中向下弯曲的拱形条纹所在的直径 1mm;ρ 为密度 19.35g/cm³;N_A 为阿伏加德罗常数 6.02×10^{23} mol⁻¹;M 为相对原子质量 183.84g/mol。算得电子碰撞原子的时间间隔为 $\tau_e = 1.2 \times 10^{-12}$ s,原子与原子碰撞的时间间隔为 $\tau_w = 1.7 \times 10^{-10}$ s。计算得到的碰撞时间间隔远小于所关心的百纳秒时间尺度,因此若不考虑丝爆等离子体的辐射损耗和能量注入,可以使用萨哈方程估计其热电离情况。

下一步的目标为根据平均电离度的轴向分布,估算平均温度的轴向分布情况,因此首先将式(3.44)改写成包含电离度的形式:

$$\frac{\bar{n}_{nuc} \eta^2}{1 - \eta} = \frac{2}{\Lambda^3} \frac{g_1}{g_0} \exp\left(\frac{-\varepsilon}{k_B T}\right) \tag{3.49}$$

其中,g_1/g_0 在只考虑一级电离的温度范围内可取值为 1;$\bar{n}_{nuc}$ 表示某一轴向位置处的平均原子核数密度,其数值可根据冷丝中的原子数密度 n_w 和爆炸丝半径 R 计算:

$$\bar{n}_{nuc} = \frac{d_0^2}{4R^2} n_w = \frac{d_0^2}{4R^2} \frac{\rho N_A}{M} = \frac{d_0^2}{4R^2} \times 6.34 \times 10^{28} \tag{3.50}$$

由此可计算得到平均温度的轴向分布曲线,如图 3.25 所示。曲线的形态与

电离度分布类似,高电离度区域对应的平均温度也较高,随着电离度的下降,平均温度也相应下降。

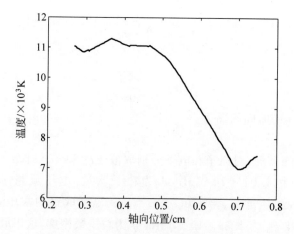

图 3.25　爆炸丝平均温度的轴向分布曲线

　　在处理镀膜钨丝的干涉照片前已经给出了三个假设,重复如下:假设1——区域内钨丝完全汽化,即不存在高密度液态或固态颗粒;假设 2——在所考察的时间范围内(几十到几百纳秒),忽略丝爆等离子中粒子沿轴向的运动;假设 3——只考虑一级电离,即每个电离的原子只产生一个自由电子。在此基础上计算得到了平均电离度沿轴向的分布,进而利用萨哈方程估算了爆炸丝平均温度沿轴向的分布情况。

　　丝爆等离子体在真空中自由膨胀会形成原子核密度在径向的高斯分布,若假设膨胀过程中等离子体的局部电中性可以保证(由于双极扩散等因素造成的局部非电中性尺度远小于所关心的尺度),则可在阿贝尔逆变换的基础上进一步计算中性原子和电子密度在径向的分布情况。

　　为了考察上述局部电中性的假设是否合理,可以首先估算丝爆等离子体的德拜长度。忽略离子贡献时的德拜长度公式:

$$\lambda_D = \sqrt{\frac{\varepsilon_0 k_B T}{n_e q_e^2}} \tag{3.51}$$

　　按照等离子柱直径 1mm,温度 6000K,电离度 10% 进行核算,假设电子密度均匀分布,算得德拜长度为 5.4nm。而本研究所关心的尺度为毫米量级,德拜长度远小于这一尺度,因此可认为丝爆等离子膨胀过程中仍可保持局部电中性。但应当注意的是,由于丝爆等离子体沿径向呈高斯分布,靠近外边缘处电子密度很小,这一区域局部电中性的假设可能出现较大偏差。实际上后面的分析表明,即将使用的计算方法本身就会在外边界处产生较大偏差,边界处的电离度计算值并不可信,因此这里并不深入讨论边界区域的处理。

参考折射率差与原子、电子密度的关系式(3.39):

$$\Delta n = 2\pi(n_a \alpha_W + n_e \beta) = 2\pi n_{nuc}[(1-\eta)\alpha_W + \eta\beta]$$

其中,折射率差值随半径的分布已经通过阿贝尔逆变换获得,若再得到原子核密度随半径的分布,即可由上式求出电离度的分布,进而得到原子和电子密度随半径的分布情况。

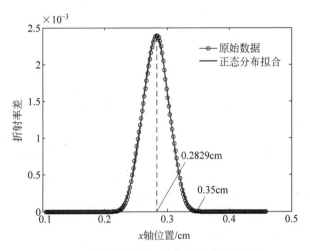

图 3.26　幅值最高的一条折射率分布曲线和
其正态分布拟合结果

图 3.26 所示为图 3.23 中幅值最高的一条折射率曲线和其正态拟合的结果,二者符合得很好,拟合的解析式为

$$\Delta n = 2.363 \times 10^{-3} e^{-(x-0.283)^2/0.029\,74^2} \tag{3.52}$$

结合正态概率密度分布的表达式

$$f(x) = \frac{1}{\sqrt{2\pi}\,\sigma} e^{-(x-\mu)^2/(2\sigma^2)} \tag{3.53}$$

可知对于所选择的分布曲线,标准差为

$$\sigma = 0.029\,74/\sqrt{2} = 0.021 \approx (0.35 - 0.283)/3 = R/3 \tag{3.54}$$

其中,R 为爆炸丝半径,这类似于正态分布中 3σ 原则。由此,爆炸丝中原子

核数密度可表示为

$$n_{\mathrm{nuc}} = k\,\mathrm{e}^{-9r^2/2R^2} \tag{3.55}$$

在柱坐标系下对上式进行面积分可得到原子核线密度为

$$n_{\mathrm{L}} = \int_0^\infty n_{\mathrm{nuc}} 2\pi r\,\mathrm{d}r = 2\pi k R^2/9 \tag{3.56}$$

冷丝中原子线密度为

$$n_{\mathrm{L0}} = \frac{\pi d^2 \rho N_{\mathrm{A}}}{4M} = 7.757 \times 10^{16}\,\mathrm{cm}^{-1} \tag{3.57}$$

令 $n_{\mathrm{L}} = n_{\mathrm{L0}}$ 得到系数 k 与爆炸丝半径 R 的关系,将此关系代入原子核数密度的表达式(3.55)可得:

$$n_{\mathrm{nuc}} = \frac{1.111 \times 10^{17}}{R^2}\mathrm{e}^{-9r^2/2R^2} \tag{3.58}$$

其中,所有单位以 cm 为基准。将上式代入式(3.39)中可解出电离度为

$$\eta = 0.426 - 4.067 \times 10^4 \frac{\Delta n R^2}{\mathrm{e}^{-9r^2/2R^2}} \tag{3.59}$$

其中,令 $\Delta n = 0$,可得 $\eta = 42.6\%$,表明电离度为 42.6% 时条纹移动级数为 0,即电子与原子对条纹位移的贡献相互抵消。进一步可得到原子密度和电子密度随半径 r 的分布:

$$
\begin{aligned}
n_{\mathrm{a}} &= \frac{6.377 \times 10^{16}}{R^2}\mathrm{e}^{-9r^2/2R^2} + 4.518 \times 10^{21}\Delta n \\
n_{\mathrm{e}} &= \frac{4.733 \times 10^{16}}{R^2}\mathrm{e}^{-9r^2/2R^2} - 4.518 \times 10^{21}\Delta n
\end{aligned}
\tag{3.60}
$$

至此,只需进一步确定爆炸丝半径(直径),即可得到电离度等参数随半径的分布。

对于折射率曲线呈正态分布的位置,爆炸丝半径可以通过拟合得到,即将拟合式中的标准差的三倍作为该处半径。但对于外层存在镀膜汽化层的区域(或电子密度较高的区域),其折射率曲线并不符合正态分布的形式,因此使用镀膜汽化层(干涉条纹曲线的极值点)所在的位置作为爆炸丝的近似轮廓计算其半径,可以想象,这种近似将在边缘处产生较大误差。

图 3.27 给出了按照上述方法得到的中性原子数密度和电子数密度随径向位置的分布曲线,其中点线为原子数密度,轴向位置增大的方向对应于干涉照片中由上到下的方向。可见随轴向位置的增加,中性原子密度逐渐

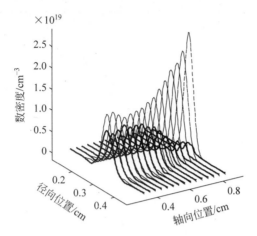

图 3.27　中性原子数密度和电子数密度分布

点线为原子数密度分布,实线为电子数密度

增大,而电子数密度逐渐减小,且二者均近似满足对半径的正态分布,这一特征进一步表明,爆炸丝等离子体中的电子来源于热电离。

图 3.28(a)为实验测量的爆炸丝半径随时间的变化曲线(其中时间零点为电压峰值时刻),可见镀膜丝与裸丝的平均半径随时间近似线性增大,即爆炸丝具有恒定的膨胀速率且两种镀膜丝的膨胀速率几乎相等。在此基础上,可通过爆炸丝某一时刻平均直径与拍照时刻之比近似计算其膨胀速率,图 3.28(b)给出了钨丝裸丝与两种镀膜丝膨胀速率与比能量的关系,可见二者之间有近似的正比关系,且与是否镀膜以及镀层厚度无关。

由此假设某一时刻爆炸丝直径与沉积能量成正比,则可根据爆炸丝直径沿 z 轴的变化确定某一轴向位置 z_x 处的比能量,从而获得产生镀膜汽化层所需的注入能量。以图 3.21(a)和(b)为例进行计算,图 3.29 所示为使用图像处理软件绘制的爆炸丝轮廓,图 3.30 为读出的爆炸丝直径随轴向位置的变化曲线。

根据假设,爆炸丝沉积能量与直径成正比,即:

$$E_s(z) = kD(z) \tag{3.61}$$

比能量为沉积能量的平均值,有:

$$E_{sm} = \frac{\int_0^L E_s(z) N \, dz / L}{N} = \frac{k}{L} \int_0^L D(z) \, dz \tag{3.62}$$

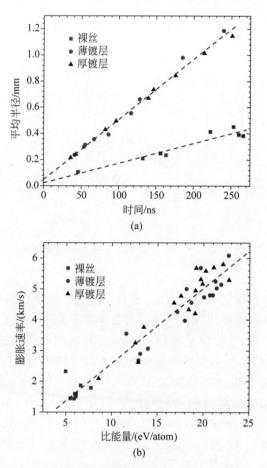

图 3.28   爆炸丝平均半径随时间的变化(a)和爆炸丝
膨胀速度与比能量的关系(b)

其中,N 为总原子数;L 为金属丝长度。对于图 3.21(a)可得比例系数 $k=$ 31.87eV/mm,高电子密度区域直径大于 0.8mm,对应的沉积能量为 25.5eV/atom;对于图 3.21(b)可得比例系数 $k=19.28$eV/mm,高电子密度区域直径大于 1.4mm,对应的沉积能量为 26.9eV/atom。

　　将脉冲源储能电容的充电电压由 60kV 降低为 45kV,保持其他条件不变,爆炸丝的干涉照片如图 3.31 所示。当充电电压降低时,比能量相应下降,约为 14eV/atom,爆炸丝整体外形与之前类似,但可明显发现金属丝周围的中性气体层消失了。采用上述的方法估算膨胀率最大区域的比能量,

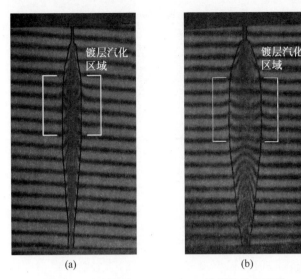

图 3.29　对应于图 3.21(a)和(b)的爆炸丝轮廓线

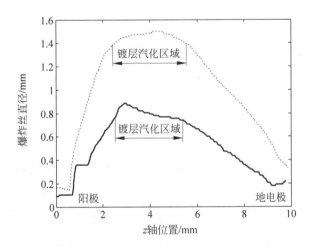

图 3.30　对应于图 3.21(a)和(b)的爆炸丝直径沿轴向的分布

实线对应图 3.21(a),虚线对应图 3.21(b)

其数值约为 22.5eV/atom。中性气体层的消失可解释为较低的局部比能量不足以充分汽化绝缘镀层,进一步可知,使这种规格的镀膜丝镀层汽化所需的阈值比能量为 22.5～25.5eV/atom。

以上结果均为厚镀层镀膜丝(镀膜后丝直径 17～21μm)的实验结果,

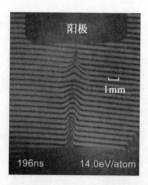

图 3.31　镀膜丝干涉照片

充电电压 45kV,正极性,钨丝长度 1cm,直径 12.5μm,镀膜后丝直径 17~21μm

下面给出薄镀层镀膜钨丝正极性下的丝爆结果,如图 3.32 所示,钨丝导体直径仍为 12.5μm,但镀层厚度较小,镀膜后直径为 14~17μm,钨丝长度 1cm。这种镀膜丝比能量的典型值约为 20eV/atom,与厚镀层钨丝相同,但不同发次之间比能量的分散性明显小于厚镀层钨丝,可能与镀层的击穿过程有关。由于初始状态下金属丝与电极仍相互绝缘,丝爆的第一阶段仍为绝缘镀层的击穿,因此靠近电极的一段金属丝被镀层击穿产生的等离子分流,比能量很小,这与厚镀层的情况相同;但这一低沉积能量段的长度明显小于厚镀层钨丝,可能的原因是较厚的绝缘镀层击穿时产生的等离子体较多,能屏蔽更大长度的金属丝。爆炸丝形状仍呈现上大下小的锥形,但锥角明显较小,即较厚镀层钨丝的能量沉积更为均匀。

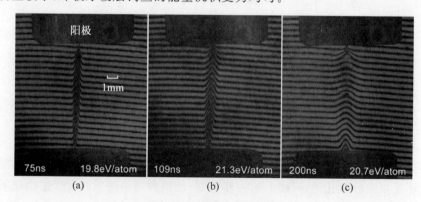

图 3.32　镀膜丝干涉照片

正极性下钨丝长度 1cm,导体直径 12.5μm,镀膜后丝直径 14~17μm

(a)拍照时刻 75ns;(b)拍照时刻 109ns;(c)拍照时刻 200ns

　　值得注意的一点是,在薄镀层钨丝的干涉照片中均未发现由镀层汽化形成的中性气体层。仿照厚镀层钨丝的做法,根据比能量和爆炸丝直径计算局部比能量,发现薄镀层钨丝同样有相当一部分区域具有大于 25.5eV/atom 的比能量,可以推测这些区域的绝缘镀层已经汽化分解,但可能由于镀层较薄,分解产生的原子(分子)较少,在爆炸丝扩散过程中与之混合,因而无法在边界处得到可分辨的高密度气体层。仍仿照厚镀层钨丝的做法,对图 3.32(b)和(c)计算丝爆等离子体的平均电离度,结果如图 3.33(a)所示。注意到两条曲线均出现了局部电离度为负值的情况,负数电离度的出现可能是由镀层分解导致。对于厚镀层钨丝前面已有的分析表明,忽略镀层分解产生的中性气体时,计算得到的电离度将偏小,薄镀层同样存在这个问题,因此对于局部电离度较低的区域完全可能由于这种偏差得到负数电离度。参考厚镀层时的计算方法,当镀层厚度取为 2.25μm 时,电离度将低于实际值约 4%,将图 3.33(a)中的两条电离度曲线向上平移 4%,然后利用萨哈方程计算温度,结果如图 3.33(b)所示。温度沿轴向分布的情况与厚镀层类似,且 100ns 时刻温度明显高于 200ns,这表明爆炸丝等离子体膨胀过程中外电路注入的能量低于辐射损失的能量。

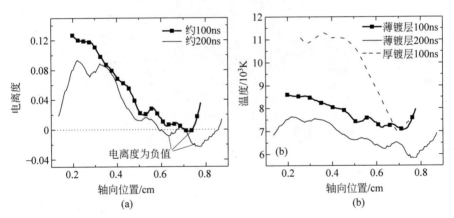

图 3.33 薄镀层钨丝不同时刻的平均电离度和温度沿轴向的分布曲线

(a) 平均电离度轴向分布；(b) 平均温度轴向分布

　　对比厚镀层钨丝的温度分布曲线,薄镀层钨丝温度明显偏低。以 100ns 时刻为例,对比图 3.21(b)和图 3.32(b),二者具有相近的比能量(约 20eV/atom);图 3.33(b)中一并画出了厚镀层钨丝 100ns 时刻的温度分布曲线,可见厚镀层钨丝的平均温度全面高于薄镀层钨丝。厚镀层钨丝由于能量沿轴向分布的不均匀性较大,相同比能量下具有更高的局部能量沉积,因此可达到更高的局部温度,但这并不能解释厚镀层钨丝在整个长度范围内温度均高于薄镀层。考虑到爆炸丝等离子体膨胀过程中的能量损失主要是辐射损失,结合厚镀层钨丝外层存在中性气体层这一事实,可以推测可能的原因为厚镀层钨丝外层的中性气体层起到了吸收和反射内部钨等离子体辐射的作用,从而减缓了丝爆等离子体的能量损失和温度的降低。

3.3.3　负极性丝爆实验结果与分析

负极性驱动电流下,与非镀膜丝相比,绝缘镀层的存在仍可以有效地提高爆炸丝比能量,但负极性径向电场的存在削弱了镀层对金属丝表面电子发射的抑制效果,爆炸丝比能量明显小于正极性电流驱动下的情况。图 3.34 给出了薄镀层钨丝的干涉照片,钨丝长度 1cm,导体直径 $12.5\mu m$,储能电容充电电压 60kV。爆炸丝呈现明显的极性效应,与非镀膜情况相似(图 3.11(b));比能量典型值为 6eV/atom,约为相同条件下非镀膜钨丝的 2 倍。

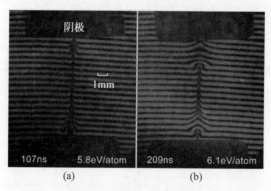

图 3.34　镀膜丝干涉照片
负极性下钨丝长度 1cm,导体直径 $12.5\mu m$,镀膜后丝直径 $14\sim17\mu m$
(a) 拍照时刻 107ns; (b) 拍照时刻 209ns

负极性电流下厚镀层钨丝的干涉照片如图 3.35 所示:爆炸丝外形为两端尖的锥形,且最大直径出现在靠近阳极的位置,与正极性下的爆炸丝外形非常相似。从比能量的角度来看,厚镀层钨丝的比能量明显高于薄镀层钨丝,其典型值约为 14eV/atom,约为薄镀层比能量的 2.3 倍,这表明较厚的绝缘层可以更有效地阻碍表面电子发射。另外,与正极性电流驱动下的情况相似,厚镀层钨丝不同发次间比能量的分散性较大。

　　负极性驱动电流下,厚镀层钨丝多次丝爆的比能量平均值明显高于薄
镀层钨丝,这一事实表明,在 $0.75\sim4.25\mu m$ 的镀层厚度范围内,增加镀层
厚度可获得更好地阻碍表面电子发射的效果,从而提高比能量。与之对应,
正极性下镀层厚度对比能量的影响不显著,表现为薄、厚镀层钨丝的比能量
相近,这可能是由于正极性径向电场本身即可阻碍表面电子发射,削弱了镀
层厚度变化对比能量的影响。

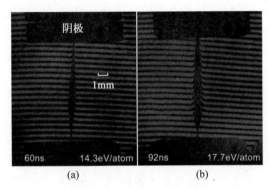

图 3.35　镀膜丝干涉照片

负极性下钨丝长度 1cm,导体直径 $12.5\mu m$,镀膜后丝直径 $17\sim21\mu m$

(a) 拍照时刻 60ns;(b) 拍照时刻 92ns

3.3.4　镀膜丝电爆炸小结

　　本节基于前文实验和分析结果对镀膜钨丝电爆炸的部分特征进行
总结。

　　(1) 与非镀膜丝相比,绝缘镀层能有效抑制表面电子发射,推迟沿面击
穿,从而提高丝爆的比能量。

　　(2) 正极性驱动电流＋绝缘镀层可以获得最好的丝爆效果,使金属丝
绝大部分完全汽化(镀层击穿产生的等离子体会阻碍靠近电极段金属丝的
能量沉积,导致局部汽化率降低);负极性电流驱动下丝爆的比能量明显小
于正极性,表明绝缘镀层对表面电子发射的屏蔽作用是有限的,因此对于负
极性驱动电流,应设法利用屏蔽电极等方式在丝表面获得正极性径向电场
以提高比能量。

　　(3) 对于实验中使用的 1cm 长度,$12.5\mu m$ 直径镀膜钨丝,其丝爆的局
部比能量可超过 25eV/atom,这一比能量可造成绝缘镀层的汽化和分解。
对于镀层厚度为 $2.25\sim4.25\mu m$ 的镀膜丝,汽化后的镀层可在爆炸丝外围

形成密度较高的气体层。

（4）由于比能量较高，镀膜丝电爆炸等离子体可通过热电离达到较高的电离度，例如 100ns 时刻厚镀层钨丝局部比能量较高区域电离度可超过 40%（图 3.24）。另一方面，由于沿面击穿发生后电流对丝芯的能量注入基本停止，丝爆等离子在膨胀过程中由于辐射等因素不断损失能量，相应的电离度也随时间迅速下降。

（5）镀膜厚度不同可能造成爆炸丝性状的显著差异。在厚镀层干涉照片中观察到了镀层分解产生的外层中性气体层，而对薄镀层钨丝则观察不到。猜测这种现象出现的原因可能是薄镀层钨丝表面镀层分解后的产物在膨胀过程中与丝爆等离子体混合。另一方面，同一时刻厚镀层钨丝平均温度明显高于薄镀层钨丝，猜测出现这种现象的原因为厚镀层钨丝外层中性气体层的"保温"作用。

（6）负极性下的丝爆实验结果表明，在 $0.75\sim4.25\mu m$ 范围内，镀层厚度的增大有利于提高爆炸丝比能量。正极性下镀层厚度对比能量的影响较小，可能是由于正向径向电场本身对表面电子发射的抑制作用。

3.4　沿面击穿发展过程的直接诊断

采用 2.3.3 节中所述的光纤阵列测量丝爆过程的弧光发展过程，并结合电信号波形研究爆炸丝沿面击穿与轴向能量沉积不均匀性之间的关系。

3.4.1　时间校准

如图 3.36 所示，采用两台四通道示波器同时采集丝爆的电信号和光纤阵列输出的四路光信号，两台示波器均采用外触发模式，利用 DG535 给出示波器 1 的触发信号，使用其触发输出信号作为示波器 2 的触发信号。

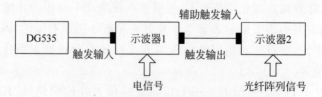

图 3.36　级联的两台四通道示波器

须事先确定两台示波器的时间关系,即将同一时刻发出的两个信号分别输入示波器 1 和示波器 2 中,得到该信号在两台示波器中对应的时间,以确定实际测量信号的时间关系。以 DG535 给出示波器 1 的触发输入信号为零点,将延时为 100ns 的两个信号输入两台示波器中,得到显示的信号时间为 99.5ns 和 12.6ns,因此图 3.36 所示的触发系统造成的延迟为 99.5－12.6＝86.9ns,即应将示波器 2 上的波形在时间轴上向右平移 86.9ns 后再与示波器 1 上的波形对应。

为了将示波器 2 上光信号与示波器 1 上的电信号置于同一时间轴上,在校准两台示波器的时间零点基础上,还需测量光纤阵列中光纤造成的延迟时间(传输放电信号与 PIN 信号的电缆长度相同)。使用光纤阵列的探头(并排的光纤截面)和一个不带光纤的 PIN 探头(与光纤阵列中的 PIN 相同型号)同时测量脉冲激光器发出的光信号(保证二个探头的空间位置接近且信号电缆长度相等),此时示波器上两个信号的时间差即为光纤传输造成的延迟时间。实验测得本书中使用的光纤传输时间为 9.99ns,因此将示波器 2 上的光信号向右平移 86.9ns 后再向左平移 9.99ns,即得到实际放电电信号与电弧光的时间关系。

3.4.2 正极性丝爆弧光发展过程

图 3.37 为正极性电流驱动下,直径 $12.5\mu m$、长度 1.5cm 钨丝电爆炸的电流、阻性电压以及光纤阵列测得的光信号波形(PIN 信号已归一化)。从图中可读出四个 PIN 通道波形峰值所对应的时刻,分别为:通道 4,10.62ns;通道 3,11.20ns;通道 2,11.41ns;通道 1,11.75ns。图 3.38 给出了相应的阴影照片以及爆炸丝直径沿轴向的分布曲线,以金属丝与阳极接触点为原点。阴影照片拍照时刻为电流起始后 470ns,由电信号计算得到沉积能量为 4.4eV/atom,其轮廓呈明显的锥形,局部沉积能量从阴极到阳极递增(参考 3.2.4 节所述的极性效应)。图中带圆圈的标号表示光纤阵列中的光纤编号,其中 2 号和 10 号为校准用光纤,对应的轴向位置分别为 3.08mm 和 12.14mm;其他四个标号代表测量使用的四条光纤。按照 2.3.3 节给出的方法计算四条光纤对应的轴向位置,得到四组对应的光纤编号、示波器通道号以及轴向位置:1 号光纤,通道 1,1.9mm;3 号光纤,通道 2,4.2mm;6 号光纤,通道 3,7.6mm;9 号光纤,通道 4,11.0mm。将以上对应关系总结于表 3.1 中。

表 3.1　光纤编号、示波器通道、PIN 信号峰值时刻以及金属丝轴向位置的对应关系

光纤编号	对应通道	PIN 峰值时刻/ns	轴向位置/mm
1	通道 1	11.75	1.9
3	通道 2	11.41	4.2
6	通道 3	11.20	7.6
9	通道 4	10.62	11.0

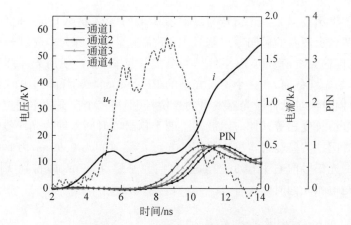

图 3.37　直径 12.5μm、长度 1.5cm 钨丝电爆炸电流(i)、阻性电压(u_r)和 PIN 探头波形

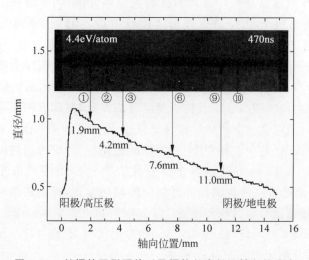

图 3.38　丝爆的阴影照片以及爆炸丝直径沿轴向的分布

　　由上述实验结果分析沿面击穿的发展过程,根据四条光纤对应的位置和 PIN 信号的峰值时间可知,弧光最先在阴极附近出现,并向阳极发展。图 3.39 为根据四组"轴向位置-PIN 峰值时间"数据拟合得到的直线,反映了弧光走过的距离与时间的关系,直线的斜率即弧光发展速度,本实验中该速度约为 8.2mm/ns,相当于真空中光速的 1/36。综上,在轴向位置 1.9mm 到 11.0mm 之间,沿面击穿电弧由阴极向阳极发展,速度约为 8.2mm/ns。

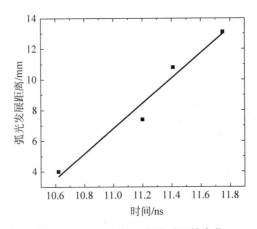

图 3.39　弧光发展距离随时间的变化

　　进一步研究弧光发展过程与爆炸丝能量沉积沿轴向不均匀性之间的关系:阴影照片显示爆炸丝的局部沉积能量(局部膨胀直径)由阴极向阳极递增(排除靠近阳极端面的区域),而光纤阵列测量结果表明电弧同样从阴极向阳极发展,可知电弧的发展过程必然在一定程度上导致了爆炸丝沉积能量的不均匀性。可利用已有的实验数据进行简单的定量校验,以考察沿面击穿电弧的发展过程在爆炸丝能量沉积结构的形成中所起的作用。

　　图 3.40 为爆炸丝比能量变化曲线,在 6～12ns 时间区间内,其能量沉积速率相对稳定(由图 3.37 可知沿面击穿阶段对应的大致时间范围是 9～12ns),对该段进行直线拟合得到能量沉积速率为 0.96eV/(atom·ns)。已经知道有关沿面击穿的一些基本特征:放电会在金属丝表面形成晕层等离子体,该等离子体层具有很高的膨胀速率,因此其电阻率迅速下降,导致丝芯电流的分流,从而终止丝芯的阻性加热过程。由此可知根据比能量曲线算得的功率是丝芯与晕层等离子体并联后的注入功率,沿面击穿发生后,丝芯的能量沉积功率迅速减小,但这一减小的过程是未知的。若进一步考虑弧光覆盖区域的丝芯和晕层等离子体能量沉积,情况则更为复杂,因此这里

简单地认为弧光所到之处丝芯的能量沉积立刻终止,而未被弧光覆盖的区域则获得了更高的注入功率,以维持爆炸丝整体具有恒定的注入功率 0.96eV/(atom•ns)。

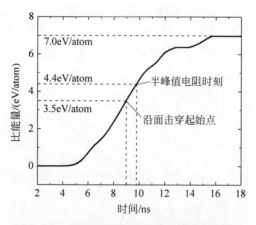

图 3.40　爆炸丝比能量随时间的变化曲线

在以上假设的基础上计算爆炸丝上具有不同轴向位置的两点间沉积能量的差异。设弧光在 t_0 时刻由阴极起始,向阳极发展;在 t_1 时刻到达距离阴极 d_1 的 A 点;在 t_2 时刻到达距离阴极 d_2 的 B 点($d_2 > d_1$)。记 A 点的沉积能量为 E_A,B 点的沉积能量为 E_B,金属丝总长度为 l,弧光发展速度为 v,爆炸丝总体能量注入功率为 P。可得关系式:

$$E_B = E_A + \int_{t_1}^{t_2} \frac{lP}{l - (d_1 + v(t - t_1))} dt$$

$$\Rightarrow \Delta E = E_B - E_A = \int_{t_1}^{t_1 + (d_2 - d_1)/v} \frac{lP/v}{(l - d_1)/v + t_1 - t} dt = \frac{lP}{v} \ln \frac{l - d_1}{l - d_2}$$

$$(3.63)$$

选取四条测量光纤的首末两条进行验算,代入数据 $l = 15\text{mm}$,$P = 0.96\text{eV}/$ (atom•ns),$v = 8.2\text{mm/ns}$,$d_1 = 15 - 11 = 4\text{mm}$,$d_2 = 15 - 1.9 = 13.1\text{mm}$,得到两点的能量差值为 3.1eV。

利用阴影照片中爆炸丝轮廓线也可计算局部比能量,参考 3.3.2 节的方法计算得到的局部比能量与局部直径的关系式为

$$E = 6.04D \tag{3.64}$$

其中,D 为局部直径,单位 mm;E 为局部比能量,单位 eV/atom。两条光纤对应位置的爆炸丝直径分别为 0.99mm 和 0.61mm,可得到比能量差

值为

$$\Delta E = 6.04 \times (0.99 - 0.61) = 2.3 \text{eV/atom} \qquad (3.65)$$

以 2.3eV/atom 作为两点间实际的比能量差值,则由弧光发展所计算得到的比能量差值明显大于实际值,这种偏差是由所假设的弧光到达处能量沉积立刻停止所导致的,实际上弧光发展到爆炸丝上某处时能量沉积并不立刻停止,而是有一个减小的过程,因此实际的沉积能量差异会小于按照假设所得到的结果。

那么电弧发展过程所造成的沉积能量差异是否能小到可以忽略的程度呢? 可通过以下的方式进行估计。根据丝爆的电流、电压波形,沿面击穿的起始时刻约为 9ns,对应的比能量 E_b 约为 3.5eV/atom,而最终爆炸丝整体的比能量数值 E_t 约为 7eV/atom,按照电阻减半规则估计的丝芯沉积能量 E_{sm} 为 4.4eV/atom,也就是说在沿面击穿起始之后,驱动电流向爆炸丝中注入了 $E_{wire} = E_t - E_b = 3.5 \text{eV/atom}$ 的比能量,而这些比能量只有 $E_{core} = E_{sm} - (E_t - E_b) = 0.9 \text{eV/atom}$ 沉积到了丝芯中,因此平均来讲,晕层等离子体在与丝芯的分流过程中获得了 $(E_{wire} - E_{core})/E_{wire} = 74.3\%$ 的能量,按照这个比例估计,由式(3.63)计算得到的比能量差确实应适当减小,且减小后的比能量差值为 $3.1 \times 74.3\% = 2.3 \text{eV/atom}$。这个数值与根据阴影照片获得的实际比能量差已经非常接近,当然这种方式不能保证准确性,但至少回答了上文中所提出的问题: 电弧发展过程所造成的沉积能量轴向不均匀性是不可忽略的。

根据以上结果可以合理推测,爆炸丝局部能量沉积的不均匀性在很大程度上是由沿面击穿电弧的发展过程导致的。至此利用光纤阵列和 PIN 二极管,对丝沿面击穿的弧光发展过程进行了时空分辨诊断,确定了正极性驱动电流下沿面击穿的起始位置、弧光发展速度及其与丝轴向能量沉积不均匀性的关系,为解释爆炸丝锥形结构的成因提供了实验依据。这是本书的第三个创新点。

3.5 小结

本章介绍了 PPG-3 上主要的单丝电爆炸实验结果,包括负载丝尺寸、驱动电流极性和上升率、电极结构等条件对于单丝沉积能量的影响;并研究了带绝缘镀层的钨丝电爆炸行为;3.4 节给出了利用光纤阵列直接测量沿面击穿过程的初步结果。本章主要结论总结如下:

（1）在驱动源参数确定的条件下，对于一定长度的金属丝，存在最佳的负载丝直径使爆炸丝获得最高的比能量。PPG-3 上的实验表明，对于长度 1cm 的钨丝最佳直径约为 $12.5\mu m$，且该直径与驱动电流的极性无关。造成这种现象的原因为驱动源参数与负载阻抗的匹配关系。最佳直径可通过钨丝汽化点的比功率确定。

（2）爆炸丝比能量随长度的增大而减小，并从长度增加导致击穿平均场强下降的角度进行了解释。

（3）提高电流上升率可有效提高爆炸丝沉积能量，在所实验的电流上升率范围内，比能量与短路电流平均上升率近似成线性关系。

（4）驱动电流的极性可显著影响爆炸丝的能量沉积量和沉积结构（爆炸丝外形轮廓），即真空中丝爆存在明显的极性效应。极性效应与金属丝表面径向电场密切相关，该电场的方向和大小会显著影响丝表面的电子发射，从而影响沿面击穿的发展和最终的能量沉积。通过改变电极的几何结构可以调节丝表面径向电场，例如对于负极性驱动电流下的丝爆可以采用屏蔽阴极（增大阴极面积）的方式获得正极性丝爆效果。

（5）绝缘镀层可显著提高爆炸丝比能量，但在电流起始阶段，金属丝与电极间绝缘镀层的击穿可能导致电极附近区域能量沉积变差。镀层的厚度也会对丝爆等离子体的参数造成显著影响，本实验中发现，在比能量接近的情况下，同一时刻厚镀层钨丝爆炸产物外层有高密度中性气体层且内部丝爆等离子体的电离度明显高于薄镀层钨丝，初步推测这种差异与中性气体层的"保温"作用有关。

（6）利用光纤阵列验证了正极性丝爆中沿面击穿从阴极向阳极发展，测得对于实验中的钨丝（长度 1.5cm，直径 $12.5\mu m$，驱动电流上升率约 100A/ns），沿面击穿电弧光的发展速度约为 8.2mm/ns。

第 4 章　提高真空中丝爆沉积能量的方法

沿面击穿过程是决定丝爆比能量大小的关键阶段,针对这一事实,改善能量沉积的思路主要有两种:一是设法推迟沿面击穿的发生时间;二是提高能量注入的速率,从而在沿面击穿的时延内向金属丝中注入尽可能多的能量。推迟沿面击穿的主要方式是抑制种子电子的产生,如采用绝缘镀层和正极性电场抑制金属丝表面的电子发射,或通过焊接的方式减小电极与金属丝之间的接触电阻以抑制结合点处的热发射等。提高能量注入速率的典型方法为提高驱动电流的上升率,另外采用合适的负载丝直径也有利于提高能量的注入速率,从而提高比能量。

基于上述思路,本章提出一种改善能量沉积效果的方法——阴极串联闪络开关法。该方法既可构造丝表面的正向径向电场,又可提高驱动电流的上升率,并通过实验对其有效性进行了验证。

4.1　利用串联的闪络开关提高沉积能量

使用一个小型的塑料绝缘子作为闪络开关,将其串联在金属丝和电极之间[90]。图 4.1 所示为实验中使用的几种电极构型:分别为不串联绝缘子的普通构型,绝缘子串联于金属丝与阴极之间的阴极绝缘子构型,以及绝缘子串联于金属丝与阳极之间的阳极绝缘子构型。图 4.2 为带闪络开关的穿丝块安装于负载腔中的照片。

图 4.3 给出了三种电极构型对应的丝爆阴影照片和干涉照片,拍照时刻约为 320ns,驱动电流为负极性,储能电容器的充电电压均为 60kV,负载钨丝长度 1cm,直径 $12.5\mu m$,裸丝。图 4.3(a)为普通构型的丝爆结果,阴影照片显示爆炸丝外形具有明显的极性效应特征,关于负极性下丝爆的极性效应在 3.2.4 节已有详细描述。从干涉照片中可见爆炸丝中部(能量沉积较少的部位)干涉条纹间断,这表明该处丝芯为高密度状态,激光无法穿过。图 4.3(b)为阴极绝缘子构型的丝爆结果,与普通构型相比效果十分明显:一方面爆炸丝膨胀更快、更均匀,由阴影照片计算的膨胀速率约为

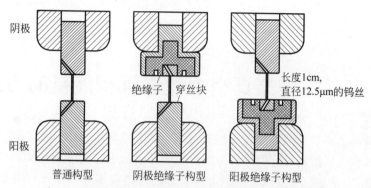

图 4.1　串联闪络开关的丝爆实验中使用的三种电极构型

绝缘子表面开有增加闪络距离的矩形槽

图 4.2　带闪络开关的电极实物图

4.5km/s,而普通构型金属丝的膨胀速率约为 2km/s(膨胀速率的计算参考 3.2.2 节);另一方面干涉条纹均匀、连续,表明爆炸丝达到了很高的汽化率,根据干涉条纹计算得到中性原子的线密度约为 $6.2 \times 10^{16}/\text{cm}$,汽化率 80%(原子密度的计算参考 3.2.3 节)。图 4.3(c)为阳极绝缘子构型的丝爆结果,其效果在三种构型中最差,将其作为对照以分析串联闪络开关方法的原理和适用条件。

图 4.4(a)给出了普通构型丝爆的总电压(u_{total})、感性电压(u_{ind})和电流(i)的波形。图 4.4(b)给出了相应的爆炸丝电阻(r_{w})曲线和比能量(E_{s})

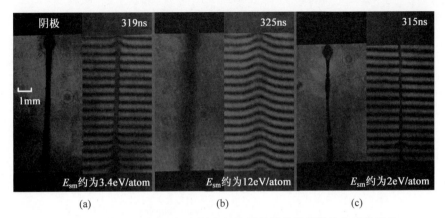

图 4.3 负极性驱动电流下三种电极构型丝爆的阴影照片和干涉照片

拍照时刻约为 320ns

(a) 普通构型;(b) 阴极绝缘子构型;(c) 阳极绝缘子构型

曲线,电阻和比能量的计算以及最大比能量(E_{sm})时刻的选取在 3.1 节已经叙述。负极性下普通构型丝爆的最大比能量计算结果为 3.4eV/atom。图 4.4(c)给出了阴极绝缘子构型丝爆的电流、电压波形。负载腔两端的总电压在 10ns 内由 0 上升到峰值电压 90kV,这段时间内绝缘子尚未发生闪络,因此没有电流流过金属丝;随后负载腔总电压开始下降,表明绝缘子沿面击穿过程开始,电流迅速增大,并驱动金属丝电爆炸。观察电流波形可以发现串联绝缘子后电流上升率明显增大。60kV 充电电压下普通构型电流平均上升率约为 100A/ns,而阴极绝缘子型的电流上升时间小于 10ns,因此平均电流上升率可达到 200A/ns。根据经验,电流上升率的提高必然带来能量沉积的增加,因此串联的绝缘子改善丝爆效果的原因之一是陡化电流脉冲。

由于总电压测量值为金属丝电压(u_w)与绝缘沿面电压(u_s)之和,计算串联绝缘子情况下的比能量时不能直接使用该测量值,必须设法得到金属丝两端的电压。最直接的方式即直接测量金属丝两端的电压,但这种方式实际上并不容易得到可用于定量计算的准确结果:一方面受限于串联绝缘沿面的电极结构,中间电极体积较小且被包围在阴极内部,接触式测量和感应式测量都十分不便;另一方面必须考虑主回路电流在测量回路中的感应电压对测量结果的影响,即主回路与测量回路的互感,这给精确定量带来很大的困难。因此,这里使用了一种间接的方式计算金属丝初始阶段的电压,即利用钨丝电阻率与比作用量(或比能量)之间的确定关系[110],通过电流

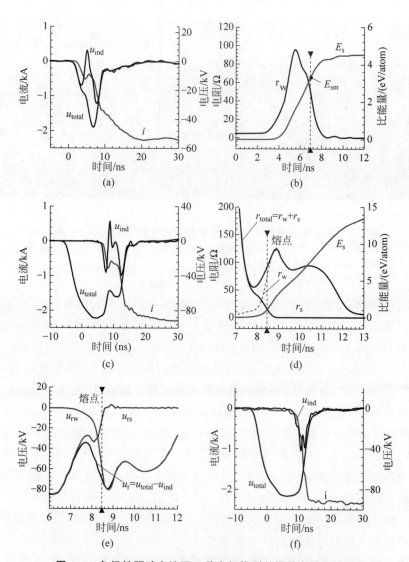

图 4.4　负极性驱动电流下三种电极构型丝爆的电信号波形

（a）普通构型电流、电压；（b）普通构型金属丝电阻、比能量；（c）阴极绝缘子构型
电流、电压；（d）阴极绝缘子构型总电阻、金属丝电阻和绝缘子沿面电阻；（e）阴极
绝缘子构型总阻性电压、金属丝阻性电压和绝缘子沿面阻性电压；（f）阳极绝缘子
构型电流、电压

波形计算钨丝汽化起始之前的电压波形（前面已经证实各种丝爆条件下汽化
起始前钨丝电阻率与比能量之间有确定的关系，参考 3.2.2 节和 3.2.4 节）。

比作用量定义为电流(或电流密度)平方的积分

$$g = \int_0^t i^2 \mathrm{d}t \tag{4.1}$$

由电流波形计算比作用量,并代入电阻率与比作用量的关系式

$$\rho_w = f(g) \tag{4.2}$$

可得到金属丝电阻(率),进而得到金属丝两端的阻性电压

$$u_{rw} = r_w i = \frac{\rho_w l}{\pi d^2/4} i \tag{4.3}$$

这种计算的可靠性在钨丝汽化起始之前是可以保证的,由于钨丝的汽化常伴随着沿面击穿的起始和发展,汽化开始后等效电阻率与比作用量的确定关系就不存在了。钨丝汽化的起始电阻率约为 $120\mu\Omega \cdot cm$,可将此数值作为电阻率计算的终点。另一方面,绝缘沿面与金属丝的总电阻可通过测量信号直接计算得到

$$r_{total} = r_w + r_s = (u_{total} - u_{ind})/i \tag{4.4}$$

将计算得到的丝电阻曲线与总电阻曲线绘制在同一坐标系中,如图 4.4(d)所示,二者在电阻较大一段出现重合,由此可认为重合之前的金属丝电阻等于计算得到的丝电阻,而重合之后的金属丝电阻可认为近似等于总电阻(此时绝缘子沿面的电压接近零)。由此可通过金属丝电阻 r_w 和电流 i 计算比能量,最大比能量时刻的选取仍采用半峰值电阻时刻,计算得到的最大比能量为 12eV/atom,是普通构型丝爆最大比能量的三倍以上,且是钨的原子化焓(8.8eV/atom)的 1.4 倍,参考文献[54]中关于丝芯状态与比能量关系的实验结果表明,比能量 12eV/atom 对应于丝芯完全汽化,这与干涉条纹显示的结果相一致。图 4.4(e)给出了相应的金属丝电压和绝缘沿面电压波形,绝缘子电阻的迅速下降或者绝缘沿面电压的迅速下降(下降时间约 5ns)是获得电流陡化效果的前提。

作为对照实验,图 4.4(f)给出了阳极绝缘子构型丝爆的电流、电压波形,可以发现其电流也明显被陡化了,而图 4.3(c)中的阴影和干涉照片表明这种情况下的能量沉积效果很差,相应的根据波形计算得到的最大比能量仅为 2eV/atom。这表明电流陡化并不是阴极绝缘子构型获得良好能量沉积效果的决定性因素,这种与绝缘子串联的位置或极性密切相关现象表明,需要进一步研究径向电场的作用。

下面将考察阴极绝缘子构型丝爆过程中绝缘子沿面电压与金属丝电压的演化过程。绝缘子沿面击穿的起始阶段,绝缘子沿面电压减小到接近零

之前,金属丝相对阴极为高电位,这个电位可以在金属丝表面产生正向(由金属丝表面指向无穷远)的径向电场,有利于抑制表面热电子发射;与此相反,阳极绝缘子在此阶段会在金属丝表面产生负向电场,从而促进表面电子发射(热场发射),阻碍金属丝的能量沉积。选取钨丝的熔点作为特征点计算几种构型中金属丝的径向电场分布情况,钨熔点对应的比能量为1.22eV/atom[84],在此之前钨丝为高温固态,具有极强的电子发射能力[85],因此选取该点计算径向电场可以在一定程度上反映径向电场对钨丝表面电子发射的影响。对于普通构型丝爆,熔点时刻金属丝两端电压为−40kV;对于阴极绝缘子构型,熔点时刻绝缘子和金属丝电压分别为−13kV和−60kV。

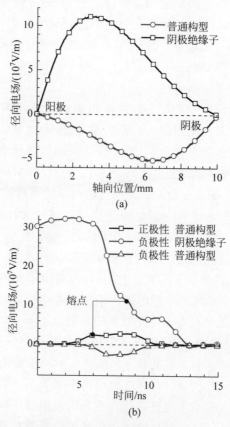

图 4.5　径向电场计算结果

(a)普通构型和阴极绝缘子构型的径向电场分布;(b)负极性驱动电流下阴极绝缘子构型,以及正、负极性驱动电流下的普通构型径向电场平均值随时间的变化

仍使用 COMSOL 软件进行静电场仿真,得到电场分布如图 4.5(a)所示。对于普通构型丝爆,其径向电场方向为负(无穷远指向丝表面)且场强最大值约为 5×10^7 V/m,该电场足以造成强烈的场致发射;而对于负极性下的阴极绝缘子构型,其径向电场为抑制电子发射的正方向,场强最大值约为 1.2×10^8 V/m,结合其分布曲线可知该径向电场可在较大轴向范围内抑制钨丝表面的电子发射。图 4.5(b)给出了几种构型径向电场平均值随时间的变化曲线,可见阴极绝缘子构型可以在整个丝爆持续时间内提供较强的正向径向电场。阳极绝缘子构型则与之相反,即在金属丝表面形成强烈的负向径向电场,极大地阻碍爆炸丝能量沉积。

使用正极性驱动电流进行实验也得到了同样的结果,即正极性下阴极绝缘子构型也可获得远远优于普通构型的能量沉积效果。图 4.6 给出了正极性下普通构型和阴极绝缘子构型丝爆照片,拍摄时刻约为 200ns。阴极绝缘子构型中爆炸丝均匀膨胀,干涉条纹清晰连续,最大比能量的计算结果约为 13eV/atom,超过普通构型 5.7eV/atom 的两倍,是钨的原子化焓的 1.5 倍。根据干涉条纹计算得到中性原子密度为 6.3×10^{16}/cm,汽化率为 81%。值得注意的是正、负极性下阴极绝缘子构型的丝爆结果是相近的,即二者具有相近的爆炸丝外形和最大比能量,这是由二者相似的径向电场分布和变化过程决定的,与 3.2.4 节得出的关于径向电场与丝爆效果对应关系的结论相一致。

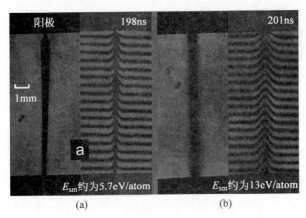

图 4.6　正极性下普通构型(a)和阴极绝缘子构型(b)的阴影照片和干涉照片

拍照时刻约 200ns,钨丝长 1cm,直径 12.5μm

综上,阴极串联闪络开关结合了构造正向径向电场与陡化驱动电流两种改善丝爆性能的手段,可显著提高正、负极性下丝爆的比能量(分别提高 2 倍和 3.5 倍)、膨胀速率和均匀性,实现真空中钨丝裸丝的无核丝爆。这是本书的第四个创新点[90]。

　　可将这种结构拓展到丝阵负载的设计中。图 4.7 给出了带有阴极闪络
开关的丝阵构型和三维静电场仿真得到的丝阵中单丝表面的径向电场分
布。电场计算时刻,闪络开关和金属丝的压降与前文中单丝实验熔点时刻
的压降相同,分别为总电压 $-73\mathrm{kV}$,闪络开关沿面电压 $-13\mathrm{kV}$,以及金属
丝压降 $-60\mathrm{kV}$,在单丝表面选取了图 4.7(b)所示的四条特征边并给出了
其径向电场沿轴线方向的分布。四条特征边径向场的差异是由于电极屏蔽
作用造成的,但总体上仍然在负极性驱动电流下获得了很强的正向径向场。
仿真中忽略了丝阵中其他金属丝对目标单丝表面电场的贡献,将丝阵中的
单丝近似为无限长线电荷,则根据高斯定理和电场的矢量合成规则可以求
得丝阵中其他单丝对目标单丝电场的贡献:

$$E_{\mathrm{local}}/E_{\mathrm{array}} \approx 2d/\pi D_{\mathrm{w}} \tag{4.5}$$

其中,E_{local} 表示目标单丝表面径向场,E_{array} 表示丝阵中其他金属丝在目标
单丝轴线处产生的合场强,d 为丝阵中相邻单丝的间距,D_{w} 为单丝直径。
可见当丝间距远大于单丝直径时,即可忽略丝阵对单丝表面径向场的贡献。

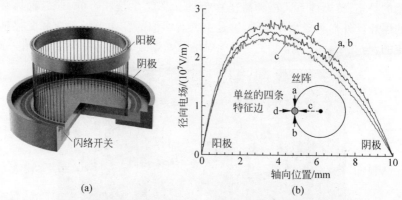

图 4.7　带阴极闪络开关的丝阵构型(a)和丝阵中单丝表面的径向电场分布(b)

　　在此基础上使用其他负载丝进行了实验,图 4.8 给出了负极性驱动电
流下镀膜丝的实验结果。对厚镀层和薄镀层两种钨丝,使用串联绝缘子时
的比能量可达到普通构型丝爆的 5 倍以上。图 4.9 给出了铝丝电爆炸的干
涉照片,其中图 4.9(a)、(b)和(c)为阴极绝缘子构型,其比能量约 6eV/atom,
达到铝原子化熔的 2 倍,铝丝完全汽化且膨胀均匀;图 4.9(d)和(e)显示的
普通构型丝爆比能量约为前者的一半,且干涉照片中可见明显的高密度区
域。因此阴极闪络开关构型对镀膜丝和低熔点材料金属丝同样适用。

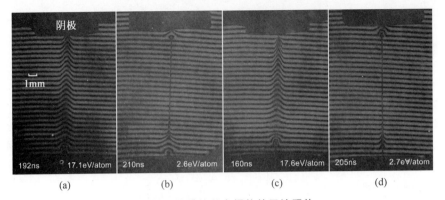

图 4.8　镀膜钨丝电爆炸的干涉照片

负极性下长度约 1.5cm，导体直径 12.5μm 的镀膜钨丝
（a）镀膜后直径为 14～17μm，阴极绝缘子构型；（b）镀膜后直径为 14～17μm，普通构型；
（c）镀膜后直径为 17～21μm，阴极绝缘子构型；（d）镀膜后直径为 17～21μm，普通构型

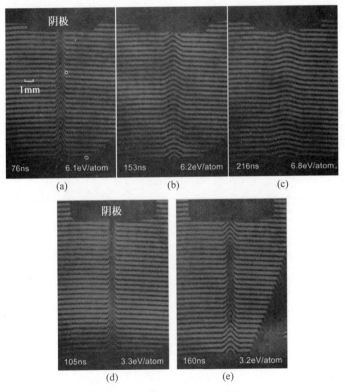

图 4.9　铝丝电爆炸的干涉照片

负极性下长度约 1.5cm，直径 15μm 的铝丝
（a），（b）和（c）为阴极绝缘子构型；（d）和（e）为普通构型

4.2　小结

采用阴极串联闪络开关的方式可以有效地提高爆炸丝比能量、膨胀速率和膨胀的均匀性。对于实验中使用的长度 1cm、直径 $12.5\mu m$ 的钨丝裸丝,这种方法可以使爆炸丝比能量超过原子化焓,实现正、负极性驱动电流下钨丝裸丝的无核、均匀丝爆。电信号测量结果和电场仿真结果表明,这种方法改善丝爆效果的原理有两方面,即陡化电流脉冲和在金属丝表面形成高强度的正向径向电场。

第5章 结 论

沿面击穿是真空环境下高熔点金属丝电爆炸最为重要的特征,直接决定丝芯的沉积能量以及汽化和膨胀等过程。对于丝阵 Z 箍缩而言,其初始阶段为预脉冲驱动下的单丝电爆炸,该过程中各单丝表面将由于过早的沿面击穿形成芯晕结构;在随后的内爆过程中,晕层等离子体优先在全局磁场力作用下向轴心运动,造成丝阵的质量消融过程,同时晕层等离子体在轴心处积聚形成先驱等离子体柱。这种动力学特征将极大地增加内爆过程的不稳定性,降低箍缩等离子体的品质,最终降低丝阵 Z 箍缩的 X 射线辐射功率和产额。

针对预脉冲驱动下单丝电爆炸形成芯晕结构这一核心问题,本书开展了预脉冲驱动下的丝爆研究,探索抑制爆炸丝沿面击穿以提高其沉积能量的有效方法,并以实现真空中高熔点金属丝的无核丝爆为最终目标。本书的主要结论和创新点总结如下。

(1) 采用长度为 1cm,直径为 10～25μm 的钨丝进行了电爆炸实验,并统计了不同直径下的比能量。实验发现丝芯比能量随负载丝直径的增大呈先增后减的趋势,即存在能量沉积的最佳直径,实验中这一直径为 12.5μm,且最佳直径在正、负极性驱动电流下相同。本书从负载丝阻抗与电源参数的匹配关系解释这一统计规律,并提出选取汽化点的平均功率作为指标,利用数值计算的方式验证了这种匹配关系和能量沉积最佳直径的存在。这是本书的第一个创新点。

(2) 研究了丝爆效果与金属丝表面径向电场之间的关系,利用不同直径的阴极屏蔽板实现了金属丝表面径向电场的调制。实验结果表明:丝爆极性效应的决定性因素为金属丝表面径向电场的方向和分布;对于负极性电流驱动的丝爆,增大阴极屏蔽板面积可在金属丝表面构造正向径向电场,从而有效地提高丝爆的比能量和能量沉积的均匀性。所提出的屏蔽阴极的方式为构造正向径向电场提供了一种简洁的方式。这是本书的第二个创新点。

(3) 开展了真空中镀膜丝电爆炸实验,结果表明:绝缘镀层可有效地抑制丝表面电子发射,使大部分丝芯的沉积能量超过原子化焓而实现完全汽化;但镀层的引入会导致负载丝与电极接触部位的能量沉积受阻,从而增大爆炸丝能量沉积的不均匀性,镀层厚度增加时,这种不均匀性加剧。使用导体直径相同而镀层厚度不同的钨丝进行了丝爆实验,结果表明二者具有相近的比能量,但丝爆后相同时刻厚镀层钨丝温度明显高于薄镀层钨丝,且在丝爆产物外层发现镀层汽化形成的中性气体层。推测造成这种温度差异的原因为外层中性气体层的保温作用,这一现象还有待进一步分析。

(4) 利用光纤阵列和 PIN 二极管,首次对丝沿面击穿的弧光发展过程进行了时空分辨诊断,确定了正极性电流驱动下丝爆的弧光起始位置(起始于阴极)、发展速度(约 8.2mm/ns)及其与丝轴向能量沉积不均匀性的关系,为解释爆炸丝锥形结构的成因提供了实验依据。这是本书的第三个创新点。

(5) 提出利用阴极串联闪络开关构造正向径向电场法。实验表明该方法可大大提高正、负极性下钨丝裸丝的电爆炸沉积能量(比能量分别提高 2倍和 3.5 倍),以及爆炸丝膨胀速率和均匀性,首次实现了真空中钨丝裸丝的完全汽化丝爆,且该方法对镀膜丝和低熔点金属同样有效。这是本书的第四个创新点。

附录 A 根据阴影照片计算金属丝直径

在阴影照片的某一轴向位置 z_0 处作水平线,沿该直线的灰度分布大致为中间高两边低的高斯分布。由此程序计算金属丝直径的一种方法为:在轴向作若干水平线,获得每条线上的灰度分布,通过定义灰度阈值确定边界的位置,进而得到各处金属丝直径。

前期处理包括截图、将 rgb 格式的照片转换为灰度图、旋转图像使金属丝尽量竖直等,处理完成的照片如图 A.1 所示,图 A.1 为正极性下长度为 1cm、直径为 $12.5\mu m$ 的钨丝电爆炸在约 200ns 时刻的阴影照片。

取若干特征位置作水平线,并获得沿线的灰度分布,采用高斯函数对其进行拟合,图 A.2 所示为某一水平线上的灰度分布和拟合曲线,采用了三阶高斯拟合。

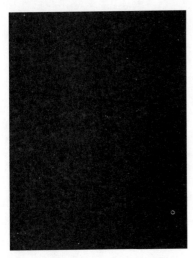

图 A.1 经过前期处理的阴影照片

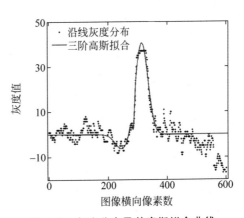

图 A.2 灰度分布及其高斯拟合曲线

获得拟合曲线后即可根据自定义的边界阈值灰度计算左右边界的位置,进而得到直径,图 A.3 给出了以 30% 峰值灰度为阈值的结果,图中标出了计算得到的边界点。

图 A.3　取 30％峰值灰度为边界的计算结果

附录 B　根据干涉照片计算气态原子密度

　　根据二重积分的含义,计算的总体思路是对目标区域中的每一面积元获得其平均条纹位移量,将其与面积元相乘后求和。程序即模拟这一过程,首先对干涉照片上的目标区域划分网格,并使用网格中某一特征点的条纹位移量代表网格的平均位移量,将此位移量与网格面积相乘,然后对所有网格求和即可。计算结果的收敛性可通过网格细分保证,即采用逐渐精细(如网格数每次固定加倍)的网格划分多次计算,当后一次得到的结果与前一次结果的偏差在允许范围内时,即认为满足了计算精度的要求。

　　干涉条纹和背景条纹的描绘仍采用人工完成,可以极大地减小编程的工作量。如图 B.1 所示。

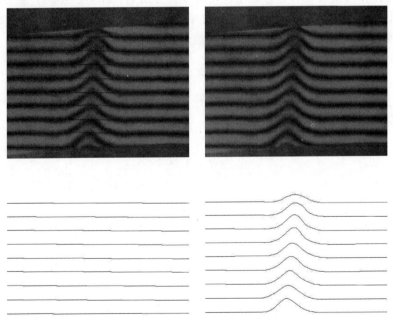

图 B.1　背景条纹和干涉条纹的描绘

　　然后需确定积分的目标区域(方便起见,这里舍去紧靠电极的区域),并在区域内划分网格。这里以网格中心点作为整个网格的特征点,即认为整个网格的条纹位移量平均值为中心点处位移量。目标区域的指定和网格的划分如图 B.2 所示。

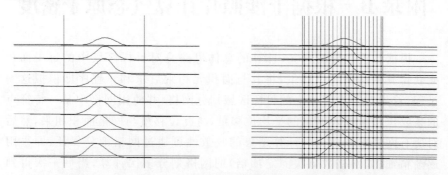

图 B.2　指定目标区域并在区域划分网格获取网格中心点坐标

　　然后需要确定每一个中心点的条纹位移量,方法为分别确定其在背景条纹中的条纹级数和干涉后(指通过爆炸丝干涉)条纹中的条纹级数,以二者之差作为条纹位移量。这里使用的具体方法为:若中心点位于某一级条纹上,则级数为该条纹级数;否则过中心点 P 作竖直直线,分别交前后干涉条纹于 A、B 两点,若前级条纹级数为 n,则 P 点条纹级数为

$$n_p = n + \frac{AP}{AB}$$

　　得到每个网格中心点的条纹位移量后,只需简单的求和操作即可得到总原子密度。具体过程此处略去。

参 考 文 献

[1] Haines M G,Lebedev S V,Chittenden J P,et al. The past,present,and future of Z pinches[J]. Physics of Plasmas,2000,7(52): 1672-1680.

[2] Ryutov D D,Derzon M S,Matzen M K. The physics of fast Z pinches[J]. Reviews of Modern Physics,2000,72(1): 167-223.

[3] Bennett W H. Magnetically self-focussing streams[J]. Physical Review,1934,45 (12): 890-897.

[4] Matzen M K. Z pinches as intense X-ray sources for high-energy density physics applications[J]. Physics of Plasmas,1997,4(52): 1519-1527.

[5] Remington B A,Drake R P,Ryutov D D. Experimental astrophysics with high power lasers and Z pinches [J]. Reviews of Modern Physics, 2006, 78 (3): 755-807.

[6] Liberman M A. Physics of High-density Z-pinch Plasmas [M]. New York: Springer-Verlag,1999.

[7] Burkhalter P,Davis J,Rauch J,et al. X-ray line spectra from exploded-wire arrays [J]. Journal of Applied Physics,1979,50(2): 705-711.

[8] Bailey J,Ettinger Y,Fisher A,et al. Evaluation of the gas puff Z-pinch as an X-ray-lithography and microscopy source[J]. Applied Physics Letters,1982,40(1): 33-35.

[9] Matzen M K,Dukart R J,Hammel B A,et al. Z-pinch implosion driven X-ray laser research[J]. Journal De Physique,1986,47(C-6): 135-139.

[10] Negus C R,Peacock N J. Local regions of high-pressure plasma in a vacuum spark[J]. Journal of Physics D,1979,12(1): 91.

[11] 彭先觉. Z箍缩驱动聚变裂变混合堆——一条有竞争力的能源技术途径[J]. 西南科技大学学报,2010,25(4): 1-5.

[12] Felber F S,Liberman M A,Velikovich A L. Methods for producing ultrahigh magnetic-fields[J]. Applied Physics Letters,1985,46(11): 1042-1044.

[13] 曾先才. 核爆模拟——惯性约束聚变在核武器上的应用[J]. 物理,2001,30(7): 426-431.

[14] Toschi R. Nuclear fusion,an energy source[J]. Fusion Engineering and Design, 1997,36(1): 1-8.

[15] Federici G,Skinner C H,Brooks J N,et al. Plasma-material interactions in

current tokamaks and their implications for next step fusion reactors[J]. Nuclear Fusion,2001,41(12):1967-2137.

[16] Lindl J. Development of the indirect-drive approach to inertial confinement fusion and the target physics basis for ignition and gain[J]. Physics of Plasmas,1995, 2(11):3933-4024.

[17] Haynam C A,Wegner P J,Auerbach J M,et al. National ignition facility laser performance status[J]. Applied Optics,2007,46(16):3276-3303.

[18] Cuneo M E. Double Z-pinch-driven hohlraums: symmetric ICF capsule implosions and wire-array Z-pinch source physics [C]. IEEE International Conference on Plasma Science,2005.

[19] Lash J S,Chandler G A,Cooper G. The prospects for high yield ICF with a Z-pinch driven dynamic hohlraum[J]. Inertial Confinement Fusion,2000,1(6): 759-765.

[20] Stygar W A,Cuneo M E,Headley D I,et al. Architecture of petawatt-class Z-pinch accelerators[J]. Physical Review Special Topics-Accelerators and Beams, 2007,10:0304013.

[21] Grabovski E V,Aleksandrov V V,Fedulov M V. Investigations into radiating Z-pinches and the "Baikal" project[C]. IEEE Pulsed Power Conference,2007.

[22] Ramirez J J. The X-1 Z-pinch driver[J]. IEEE Transactions on Plasma Science, 1997,25(2):155-159.

[23] Maenchen J,Sheldon H T,Rondeau G D. Voltage and current measurements on high power self-magnetically insulated vacuum transmission lines[J]. Review of Scientific Instruments,1984,55(12):1931-1940.

[24] Mitchell I H,Bayley J M,Chittenden J P,et al. A high impedance mega-ampere generator for fiber Z-pinch experiments[J]. Review of Scientific Instruments, 1996,67:1533-1541.

[25] Albikov Z A,Velikhov E P,Veretennikov A I. Angara-5-1[J]. Nuclear Energy, 1990,68(1):26.

[26] Deng J J,Xie W P,Feng S P,et al. Initial performance of the primary test stand [J]. IEEE Transactions on Plasma Science,2013,41(10):2580-2583.

[27] Deng J J,Yang L B,Gu Y C. Puff-gas Z-pinch experiment on "Yang" accelerater [J]. Dense Z-pinches,2002,651:135-138.

[28] 邱爱慈,郍斌,曾正中,等. "强光一号"钨丝阵Z箍缩等离子体辐射特性研究[J]. 物理学报,2006,55(11):5917-5922.

[29] 何露芽,邹晓兵,曾乃工,等. 0.1TW级脉冲功率发生器的初步实验[J]. 高电压技术,2007,33(11):231-233.

[30] Anderson O A,Baker W R,Colgate S A,et al. Neutron production in linear deuterium pinches[J]. Physical Review,1958,110(6):1375-1387.

［31］ Kurchatov I V. On the possibility of producing thermo-nuclear reactions in a gas discharge[J]. Journal of Nuclear Energy,1957,4(2)：193-202.

［32］ Anderson O A,Baker W R,Colgate S A. Neutron production in linear deuterium pinches[J]. Physical Review,1958,110(6)：1375-1387.

［33］ Baldock P,Choi P,Dangor A E,et al. Z-pinches of intense energy-density driven by high voltage storage lines[C]. The 9th European Conference on Controlled Fusion and Plasma Physics,1979(I)：102.

［34］ Lawson J D. Some criteria for a power producing thermonuclear reactor[J]. Proceedings of the Physical Society Section B,1957,70(1)：6-10.

［35］ Felber F S. Kink and displacement instabilities in imploding wire arrays[J]. Physics of Fluids,1981,24(6)：1049.

［36］ Stallings C,Nielsen K,Schneider R. Multi-wire array load for high-power pulsed generators[J]. Applied Physics Letters,1976,72(11)：1329-1331.

［37］ Sanford T, Allshouse G O, Marder B M, et al. Improved symmetry greatly increases X-ray power from wire-array Z-pinches[J]. Physical Review Letters, 1996,77(25)：5063-5066.

［38］ Deeney C,Douglas M R,Spielman R B,et al. Enhancement of X-Ray power from a Z pinch using nested-wire arrays[J]. Physical Review Letters,1998,81(22) 4883-4886.

［39］ Spielman R B, Deeney C, Chandler G A, et al. Tungsten wire-array Z-pinch experiments at 200 TW and 2 MJ[J]. Physics of Plasmas, 1998, 5 (5)： 2105-2111.

［40］ Weinbrecht E A,Mcdaniel D H,Bloomquist D D. The Z refurbishment project (ZR) at Sandia National Laboratories：IEEE Pulsed Power Conference[J]. Giesselmann M,Neuber A,2003：157-162.

［41］ Matzen M K, Atherton B W, Cuneo M E, et al. The Refurbished Z Facility： Capabilities and Recent Experiments[J]. Acta Physica Polonica A,2009,115(6)： 956-958.

［42］ Begelman M C. Instability of toroidal magnetic field in jets and plerions[J]. Astrophysical Journal,1998,493(11)：291-300.

［43］ Lebedev S V,Beg F N,Bland S N,et al. Effect of discrete wires on the implosion dynamics of wire array Z-pinches[J]. Physics of Plasmas,2001,8(8)：3734.

［44］ Sinars D B, Cuneo M E, Yu E P, et al. Measurements and simulations of the ablation stage of wire arrays with different initial wire sizes[J]. Physics of Plasmas,2006,13：042704.

［45］ Cuneo M E,Waisman E M,Lebedev S V,et al. Characteristics and scaling of tungsten-wire-array Z-pinch implosion dynamics at 20 MA[J]. Physical Review E,2005,71(4)：046406.

[46] Sarkisov G S, Rosenthal S E, Struve K W, et al. Effect of current prepulse on wire array initiation on the 1-MA ZEBRA accelerator[J]. Physics of Plasmas, 2007,14: 052705.

[47] Beg F N, Lebedev S V, Bland S N, et al. The effect of current prepulse on wire array Z-pinch implosions[J]. Physics of Plasmas,2002,9(1): 375-377.

[48] Lorenz A, Beg F N, Ruiz-Camacho J, et al. Influence of a prepulse current on a fiber Z pinch[J]. Physical Review Letters,1998,81(2): 361-364.

[49] Hammer D A, Sinars D B. Single-wire explosion experiments relevant to the initial stages of wire arrayZ-pinches[J]. Laser and Particle Beams,2001(19): 377-391.

[50] 杨建华,杨汉武,李志强,等. 长脉冲能源给脉冲形成线充电过程中的预脉冲现象[J]. 强激光与粒子束,2004,16(7): 900-904.

[51] 邹晓兵,刘锐,王新新,等. 快速 Z 箍缩装置的预脉冲分析[J]. 清华大学学报(自然科学版),2006,46(10): 1653-1656.

[52] 夏明鹤,谢卫平,李洪涛. 预脉冲的抑制及 Z-pinch 实验可允许的预脉冲电压分析[J]. 强激光与粒子束,2004,16(2): 235-238.

[53] Harvey-Thompson A J, Lebedev S V, Burdiak G, et al. Suppression of the ablation phase in wire array Z pinches using a tailored current prepulse[J]. Physical Review Letters,2011,106(20): 205002.

[54] Sarkisov G S, Struve K W, Mcdaniel D H. Effect of deposited energy on the structure of an exploding tungsten wire core in a vacuum [J]. Physics of Plasmas,2005,12: 0527025.

[55] Sarkisov G S, Rosenthal S E, Struve K W, et al. Investigation of the initial stage of electrical explosion of fine metal wires[C]. Aip Conference Proceedings,2002.

[56] Sarkisov G S, Mccrorey D. Imaging of exploding wire phenomena[C]. IEEE transactions on Plasma Science,2002.

[57] Rakhel A D, Sarkisov G S. Melting and volume vaporization Kinetics effects in tungsten wires at the heating rates of 10^{12} to 10^{13} K/s[J]. International Journal of Thermophysics,2004,25(4): 1215-1233.

[58] Sarkisov G S, Rosenthal S E, Cochrane K R, et al. Nanosecond electrical explosion of thin aluminum wires in a vacuum: Experimental and computational investigations[J]. Physical Review E,2005,71: 04640442.

[59] Sarkisov G S, Beigman I L, Shevelko V P, et al. Interferometric measurements of dynamic polarizabilities for metal atoms using electrically exploding wires in vacuum[J]. Physical Review A,2006,73(4): 042501.

[60] Sarkisov G S, Rosenthal S E, Struve K W, et al. Corona-free electrical explosion of polyimide-coated tungsten wire in vacuum[J]. Physical Review Letters,2005, 94: 035004.

[61] Sanford T W L, Jennings C A, Rochau G A, et al. Wire initiation critical for radiation symmetry in Z-pinch——driven dynamic hohlraums [J]. Physical Review Letters,2007,98: 065003.

[62] Sarkisov G S, Sasorov P V, Struve K W, et al. State of the metal core in nanosecond exploding wires and related phenomena [J]. Journal of Applied Physics,2004,96(3): 1674.

[63] Sarkisov G S, Bauer B S, De Groot J S. Homogeneous electrical explosion of tungsten wire in vacuum 1[J]. JETP Letters,2001,73(2): 69-74.

[64] Sarkisov G S, Sasorov P V, Struve K W, et al. Polarity effect for exploding wires in a vacuum[J]. Physical Review E,2002,66(4): 046413.

[65] Sarkisov G S, Struve K W, Mcdaniel D H. Effect of current rate on energy deposition into exploding metal wires in vacuum[J]. Physics of Plasmas,2004, 11(10): 4573.

[66] Sarkisov G S, Rosenthal S E, Struve K W, et al. Initiation of aluminum wire array on the 1-MA ZEBRA accelerator and its effect on ablation dynamics and X-ray yield[J]. Physics of Plasmas,2007,14: 112701.

[67] Sarkisov G S, Rosenthal S E, Struve K W. Transformation of a tungsten wire to the plasma state by nanosecond electrical explosion in vacuum [J]. Physical Review E,2008,77: 056406.

[68] Shelkovenko T A, Sinars D B, Pikuz S A, et al. Point-projection X-ray radiography using an X pinch as the radiation source[J]. Review of Scientific Instruments,2001,72(1): 667.

[69] Sinars D B, Shelkovenko T A, Pikuz S A, et al. Exploding aluminum wire expansion rate with 1 ~ 4.5 kA per wire [J]. Physics of Plasmas, 2000, 7(5): 1555.

[70] Sinars D B, Shelkovenko T A, Pikuz S A, et al. The effect of insulating coatings on exploding wire plasma formation[J]. Physics of Plasmas,2000,7(2): 429.

[71] Pikuz S A, Romanova V M, Baryshnikov N V, et al. A simple air wedge shearing interferometer for studying exploding wires [J]. Review of Scientific Instruments,2001,72(1): 1098-1100.

[72] Sinars D B, Hu M, Chandler K M, et al. Experiments measuring the initial energy deposition, expansion rates and morphology of exploding wires with about 1 kA per wire[J]. Physics of Plasmas,2001,8(1): 216.

[73] Sinars D B, Cuneo M E, Yu E P, et al. Measurements and simulations of the ablation stage of wire arrays with different initial wire sizes [J]. Physics of Plasmas,2006,13(4): 42704.

[74] Cuneo M E, Herrmann M C, Sinars D B, et al. Magnetically driven implosions for inertial confinement fusion at Sandia National Laboratories [J]. IEEE

Transactions on Plasma Science,2012,40(12): 3222-3245.

[75] Hall G N,Bland S N,Lebedev S V,et al. Modifying wire-array Z-pinch ablation structure and implosion dynamics using coiled wires[J]. IEEE Transactions on Plasma Science,2009,37(4): 520-529.

[76] Bland S N,Lebedev S V,Chittenden J P,et al. Effect of radial-electric-field polarity on wire-array Z-pinch dynamics[J]. Physical Review Letters,2005, 95(13): 135001.

[77] Bott S C,Lebedev S V,Bland S N,et al. The formation of precursor structures in cylindrical and "4×4" wire arrays[J]. IEEE Transactions on Plasma Science, 2007,35(2): 165-170.

[78] Chittenden J P,Lebedev S V,Ruiz-Camacho J,et al. Plasma formation in metallic wire Z-pinches[J]. Physical Review E,2000,61(4): 4370-4380.

[79] Chittenden J P,Lebedev S V,Bell A R,et al. Plasma formation and implosion structure in wire array Z-pinches[J]. Physical Review Letters,1999.

[80] Bland S N,Lebedev S V,Chittenden J P,et al. Nested wire array Z-pinch experiments operating in the current transfer mode[J]. Physics of Plasmas, 2003,4(10): 1100-1112.

[81] Chittenden J P,Lebedev S V,Bland S N,et al. One-,two-,and three-dimensional modeling of the different phases of wire array Z-pinch evolution[J]. Physics of Plasmas,2001,8(5): 2305-2314.

[82] Bland S N,Bott S C,Hall G N,et al. Diagnostics for studying the dynamics of wire array Z pinches[J]. Review of Scientific Instruments,2006,77(10): 10F-326F.

[83] Lebedev S V,Beg F N,Bland S N,et al. Snowplow-like behavior in the implosion phase of wire array Z-pinches[J]. Physics of Plasmas,2002,9(52): 2293-2301.

[84] Lebedev S V,Savvatimskii A I. Metals during rapid heating by dense currents [J]. Soviet Physics-Uspekhi,1984,27(10): 749-771.

[85] Lebedev. Electrical explosion study of certain thermophysical properties of tungsten and molybdenum near the melting point[J]. High Temperature,1971, 9(5): 845-849.

[86] Wu J,Li X,Wang K,et al. Transforming dielectric coated tungsten and platinum wires to gaseous state using negative nanosecond-pulsed-current in vacuum[J]. Physics of Plasmas,2014,21(11): 112708.

[87] 赵军平,张乔根,周庆,等. 铝丝电爆炸过程的光学诊断[J]. 强激光与粒子束, 2012,24(3): 544-548.

[88] 吴坚,李兴文,史宗谦,等. 铝单丝Z箍缩形成无核晕结构的物理分析[J]. 强激光与粒子束,2014,26(2): 025003.

[89] 石桓通,邹晓兵,赵屾,等. 并联金属丝提高电爆炸丝沉积能量的数值模拟[J].

物理学报,2014,(14):257-263.

[90] Shi H T,Zou X B,Wang X X. Fully vaporized electrical explosion of bare tungsten wire in vacuum[J]. Applied Physics Letters,2016,109:13410513.

[91] Shi H T,Zhang X B,Wang X X. Study of the relationship between maximum specific energy and wire diameter during electrical explosion of tungsten wires [J]. IEEE Transactions on Plasma Science,2016,44(10):2092-2096.

[92] Anderson R A,Brainard J P. Mechanism of pulsed surface flashover involving electron-stimulated desorption[J]. Journal of Applied Physics,1980,51(3): 1414-1421.

[93] 承欢,江剑平. 阴极电子学[M]. 西安:西北电讯工程学院出版社,1986.

[94] Paulini J,Klein T,Simon G. Thermo-field emission and the nottingham effect [J]. Journal of Physics D-Applied Physics,1993,26(8):1310-1315.

[95] Coulombe S,Meunier J L. Thermo-field emission:A comparative study[J]. Journal of Physics D-Applied Physics,1997,30(5):776-780.

[96] Duselis P U,Vaughan J A,Kusse B R. Factors affecting energy deposition and expansion in single wire low current experiments[J]. Physics of Plasmas,2004, 11(8):4025-4031.

[97] Beilis I I,Baksht R B,Oreshkin V I,et al. Discharge phenomena associated with a preheated wire explosion in vacuum:Theory and comparison with experiment [J]. Physics of Plasmas,2008,15(1):13501.

[98] Rousskikh A G,Baksht R B,Chaikovsky S A,et al. The effects of preheating of a fine tungsten wire and the polarity of a high-voltage electrode on the energy characteristics of an electrically exploded wire in vacuum[J]. IEEE Transactions on Plasma Science,2006,34(5):2232-2238.

[99] Elizondo J M,Benze J W,Money W M,et al. High performance electrode profile generation method[J]. Review of Scientific Instruments,1985,56(4):532-534.

[100] Frolov O,Kolacek K,Bohacek V,et al. Gas-filled laser-triggered spark gap[J]. Czechoslovak Journal of Physics,2004,54C(1-3):309-313.

[101] 卫兵,傅贞,王玉娟,等. 脉冲功率装置中电容分压器的设计和应用[J]. 高电压技术,2007,(12):39-43.

[102] 袁建强,邹晓兵,增乃工,等. 01TW脉冲功率源电流电压测量探头的设计与标定[J]. 电工电能新技术,2005,24(4):77-80.

[103] 韩旻,邹晓兵,张贵新. 脉冲功率技术基础[M]. 北京:清华大学出版社,2010.

[104] Bennett F D,Marvin J W. Current measurement and transient skin effects in exploding wire circuits[J]. Review of Scientific Instruments,1962,33(11):1218.

[105] Zou X B,Shi H T,Xie H,et al. Using fast moving electrode to achieve overvoltage breakdown of gas switch stressed with high direct voltages[J]. Review of Scientific Instruments,2015,86:0347053.

［106］　张德忠. 热物理激光测试技术［M］. 北京：科学出版社,1990.

［107］　邹晓兵. 喷气式 Z 箍缩等离子体实验研究［D］. 北京：清华大学,2003.

［108］　Lide D R. CRC Handbook of Chemistry and Physics［M］. 90th ed. Florida：CRC Press,2010.

［109］　Sanginésde C R,Sobral H,Sánchez-Aké C,et al. Two-color interferometry and fast photography measurements of dual-pulsed laser ablation on graphite targets ［J］. Physics Letters A,2006,357(4-5)：351-354.

［110］　Tucker T J,Toth R P. A computer code for the prediction of the behavior of electrical circuits containing exploding wire elements［R］. Albuquerque：Sand-75-0041 Unlimited distribution,1975.

［111］　Shi H T,Zhang X B,Wang X X. Effect of high-voltage electrode geometry on energy deposition into exploding wire in vacuum［J］. IEEE Transactions on Dielectrics and Electrical Insulation,2017,24(4)：2001-2005.

［112］　Grabovskii E V,Gribov A N,Mitrofanov K N,et al. Influence of the current growth rate on the polarity effect in a wire array in the Angara-5-1 facility［J］. Plasma Physics Reports,2007,33(11)：923-929.

在学期间发表的学术论文

[1] **Shi Huantong**, Zou Xiaobing, Wang Xinxin. Fully vaporized electrical explosion of bare tungsten wire in vacuum[J]. Applied Physics Letters, 2016, 109: 134105. (SCI 收录, DOI: 10.1063/1.4963785)

[2] **Shi Huantong**, Zou Xiaobing, Wang Xinxin. Effect of high-voltage electrode geometry on energy deposition into exploding wire in vacuum [J]. IEEE Transactions on Dielectrics and Electrical Insulations, 2017, 24(4): 2001-2005. (SCI 收录, DOI: 10.1109/TDEI.2017.006185)

[3] **Shi Huantong**, Zou Xiaobing, Wang Xinxin. Study of the relationship between maximum specific energy and wire diameter during electrical explosion of tungsten wires[J]. IEEE Transactions on Plasma Science, 2016 44: 2092-2096. (SCI 收录, DOI: 10.1109/TPS.2016.2549553)

[4] Zou Xiaobing, **Shi Huantong**, Wang XinXin, Xie H. Using fast moving electrode to achieve overvoltage breakdown of gas switch stressed with high direct voltages, Review of Scientific Instruments, 2015, 86: 034705. (导师第一作者, SCI 收录, DOI: 10.1063/1.4914397)

[5] **石桓通**, 邹晓兵, 赵屾, 朱鑫磊, 王新新. 并联金属丝提高电爆炸丝沉积能量的数值模拟[J]. 物理学报, 2014, 63(14): 145206 (2014). (SCI 收录, DOI: 10.7498/aps.63.145206)

[6] Zhu Xinlei, Zou Xiaobing, Zhao Shen, Zhang Ran, **Shi Huantong**, Luo Haiyun, Wang Xinxin. Mass density evolution of wire explosion observed using X-ray backlighting [J]. IEEE Transactions on Plasma Science, 2014, 42: 3221. (SCI 收录, DOI: 10.1109/TPS.2014.2329036)

[7] Zhu Xinlei, Zou Xiaobing, Zhao Shen, **Shi Huantong**, Zhang Ran, Luo Haiyun, Wang Xinxin. Measuring the evolution of mass density distribution of wire explosion[J]. IEEE Transactions on Plasma Science, 2014, 42: 2522. (SCI 收录, DOI: 10.1109/TPS.2014.2326464)

[8] 赵屾, 朱鑫磊, **石桓通**, 邹晓兵, 王新新. 用 X-pinch 对双丝 Z 箍缩进行轴向 X 射线背光照相[J]. 物理学报, 2015, 64(1): 015203. (SCI 收录, DOI: 10.7498/aps.64.015203)

致　　谢

本论文工作是在导师邹晓兵教授的指导下完成的。邹老师不仅有扎实的理论功底,还有丰富的实验技巧和工程经验,每当遇到难以解决的问题时,邹老师总是给予耐心的指导。邹老师是我科研道路上的领路人,他对我的无私帮助和指导我将铭记于心。

感谢实验室的王新新教授,王老师在脉冲功率和等离子体物理领域的深厚造诣令人赞叹,耳濡目染中令我受益良多。

感谢实验室的王鹏老师,在我攻读本科和博士的九年中,特别是在本科毕业推研和博士毕业求职的关键阶段,他给予了我无尽的关心、指导和帮助。

感谢罗海云老师和张贵新老师在五年的学习和生活中对我的帮助和指导。

感谢刘微粒师兄、朱鑫磊师兄、赵屾师兄、张然师姐、付洋洋师兄以及实验室其他师兄、师姐对我的指导与关照。

感谢毛重阳同学以及实验室其他同学对我的支持与帮助。

感谢我最亲爱的父母,是他们的关怀、理解与支持让我一路走到今天。